大人の教科書ワーク

はじめての
大人の学び直し

数学

大人の教科書ワーク　はじめに

この本は、楽しみながら「はじめての大人の学び直し」をするために作られました。

リスキリング、生涯学習、リカレント教育……。近年、いわゆる意識の高い「大人の学び直し」の必要性が叫ばれています。

そうした、どこか威圧的ですらある社会の声を目の当たりにして、ちょっぴり怖気づいたり、気後れしたりして、

「今さら何を学び直せばええっちゅーねん！」

と、お茶の間でツッコミを入れているあなたにこそ、手に取っていただきたい本です。

この本に収録されている30編のテーマは、主婦や介護士、会社員から会社の社長まで、約200名のさまざまな方にインタビューやアンケートをして得られた「切実な悩みやちょっとしたギモン」を、文理編集部で厳選したものです。

この本が目指したのは、「小・中学生のときに使っていた教科書をひもとくだけで、普段の日常にちょっぴり彩りが生まれるかも」という、ささやかな提案です。

使っていた思い出の教科書をすでに捨ててしまったあなたのために、この『大人の教科書ワーク』は作られました。

ぜひページをめくって、「はじめての大人の学び直し」を楽しんでください！

文理　大人の教科書ワーク編集部

大人の教科書ワーク　この本の使い方

１つのテーマは、それぞれ４ページで構成されています。どのテーマからでも読み進めることができます。

キャラクター紹介

●疑問の答えを、「ヒントQUIZ」で考えてみましょう！

①「クエスチョン」…日常で生まれるさまざまな疑問を取り上げています。

②イラスト…日々の疑問にまつわる、ユーモラスなイラストを掲載。

③「ヒントQUIZ」…疑問の答えを導き出すヒントとなるクイズです。次のページを開く前に、ぜひ考えてみてください。

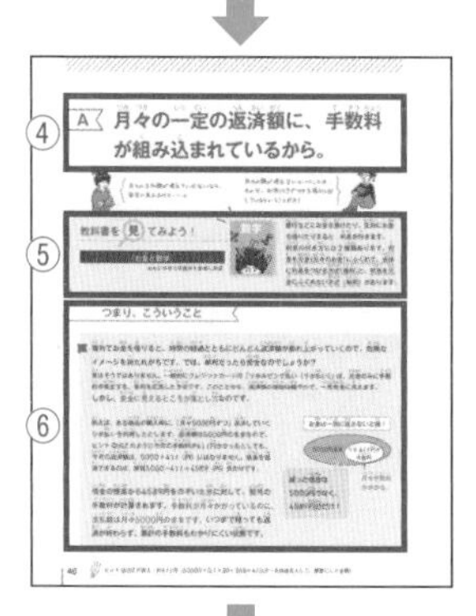

●「教科書を見てみよう！」＆「つまり、こういうこと」で疑問を解決！

④「アンサー」…前ページの疑問に対する答えです。このページ全体を読むことで、答えをくわしく理解することができます。

⑤「教科書を見てみよう！」…疑問とその答えに関して、小・中教科書の関連項目のダイジェストを掲載しています。

⑥「つまり、こういうこと」…疑問の答えをわかりやすく解説しています。

●「おさらいワーク」の問題を解いて、知識を確認！

⑦「書いて身につく！おさらいワーク」…これまでのページの内容を踏まえて作成された問題です。これらの問題を手を動かしながら解くことで、知識を確認・定着させることができます。

●「おさらいワーク」の答えを、解説つきで掲載！

⑧「解答・解説」…答えだけでなくて解説もついているので疑問点を解消できます。

⑨「他教科リンク」…『大人の教科書ワーク』の他の教科のページとのリンクです。他の教科で関連するテーマを扱っている際に記しています。

⑩「コラム」…テーマに関連した補足事項「メモ」や「注意」を記しています。

⑪「くわしいアンサー」…このテーマのまとめとして、④の「アンサー」をくわしく説明しています。

大人の教科書ワーク　数学　もくじ

・はじめに …………………………………………………… 2
・この本の使い方 ……………………………………………… 3

生活に役立つ数学

紙を２倍に拡大コピーするとき、「200%」にして失敗した。どうして？… 9
手紙を簡単に三つ折りする方法ってあるの？ ……………………… 13
ゴキブリが１匹いたら実際は100匹いるっていうけど、ホントなの？…… 17
冷凍食品を記載時間通り温めたのに、まだ冷たい…。正しい温め方は？ … 21
わり勘をするときに金額が今いる人数でわり切れるかどうか知りたい！ … 25
19×17、24×28、59×53……ぜんぶ暗算でできるってホント？ ……… 29
２ケタ×１ケタの計算も暗算でできるってホント？ ………………… 33
自動車の車間距離はどれだけとるといいの？ ……………………… 37
馬券の３連単（１着２着３着の馬を的中させること）の当たる確率はどのくらい？…… 41
「リボ払い」って、どうして危険なの？………………………………… 45

数学は実生活で役に立たない。
そう思っていませんか？
その認識、覆します！

身近にある数学

視力検査で、「視力1.0」の次が「視力1.1」ではないのはなぜ？…… 51
還暦ってどうして60歳なの？………………………………………… 55
インターネットのセキュリティで素数が使われているって、ホント？ … 59
パソコンの画面で表現できる色は何色？ ………………………… 63
がんばって働いているのにサラリーマンの平均年収と差がある……。どうして？… 67
「13日の金曜日」は毎年必ず現れる……。なんで？ ……………… 71
マグニチュードの数字が大きくなると、どのくらい大きな地震になるの？… 75
パラボラアンテナはどうしておわん型なの？ ……………………… 79
ハチの巣はなぜ六角形なの？ ……………………………………… 83
「直線の傾き」が現代社会を支えているって、ホント？ ………… 87

あんなことも、
こんなことも、
実は数学が関係してるんです♪

知らないなんてもったいない！
読むだけで賢くなれるトピック
が満載です！

大人のための数学教養講座

今の中学生には常識！　この図、何の図か知ってる？ ……93

「マイナスの数×マイナスの数」がプラスの値なのはどうして？ ……97

素数ゼミって何？　なぜ素数なの？ ……101

建築物の縦と横の比で使われる黄金比、何が特別なの？ ……105

カーナビの精度の高さの秘密は直角三角形にあり。どういうこと？… 109

宝くじでいくら当たるかが計算できる!?　期待値っていったい何？… 113

１次方程式、連立方程式、２次方程式……。方程式の「方程」って何？… 117

数学の「点Ｐ」は、どうして図形を動き回るの？ ……121

円周率って、どうやって計算するの？ ……125

どこまでも９が続く「0.999…」は、１と等しい。なんで？ ……129

・索引・数学用語集 ……133

♠参考教科書一覧

・「新しい数学」中学校数学科用（東京書籍）
・「未来へひろがる数学」中学校数学科用（啓林館）
・「中学校数学」中学校数学科用（学校図書）
・「中学数学」中学校数学科用（教育出版）
・「数学の世界」中学校数学科用（大日本図書）
・「中学数学」中学校数学科用（日本文教）
・「新しい算数」小学校算数科用（東京書籍）
・「わくわく算数」小学校算数科用（啓林館）
・「小学算数」小学校算数科用（教育出版）

写真提供：アフロ

トビライラスト

第1章

255（にここ）

面白いもの・かわいいものが好きです。
勉強は……あまり得意ではありませんでした。
@nikokosan

第2章

永田礼路（ながた・れいじ）

兼業漫画家、医師。生き物とSFが好きです。
著作『螺旋じかけの海』全5巻など。
@nagatarj　https://note.com/nagatarj

第3章

りうん

埼玉在住。理数系大好きな小学生の息子にヒントをもらいながら描きました。
https://ryun.localinfo.jp/

◇本書は小・中学校の算数・数学科で学習する内容を用いながら、日常のあらゆる疑問に答えていく形式をとっていますが、教科書の内容を踏まえつつ、記載内容を大きく発展させています。また、小・中学校の学習指導要領範囲外の内容を扱っていることがあります。

【主な参考資料】

熊倉啓之『なるほど！ いっぱい中学数学─数と式の世界』（日本評論社、2010年）
今野紀雄（監修）『ニュートン式 超図解 最強に面白い!! 確率』（ニュートンプレス、2019年）
佐藤健一（監修）、山司勝紀・西田知己（編）『和算の事典』（朝倉書店、2009年）
佐藤寿之『大人のためのとってもやさしい中学数学』（旺文社、2011年）
高橋一雄『語りかける中学数学』（ベレ出版、2005年）
竹内薫『数とコンピューターについて知っておくべき100のこと：インフォグラフィックスで学ぶ楽しいサイエンス』（小学館、2019年）
坪田耕三『算数のしくみ大辞典』（新潮社、2015年）
中村滋『素数物語：アイディアの饗宴』岩波科学ライブラリー（岩波書店、2019年）
ニュートン編集部『14歳からのニュートン超絵解本 素数』（ニュートンプレス、2022年）
羽山博『やさしく学ぶ データ分析に必要な統計の教科書』できるビジネスシリーズ（インプレス、2018年）
山本昌宏（監修）『東京大学の先生伝授 文系のためのめっちゃやさしい 微分積分』（ニュートンプレス、2020年）
横山明日希『はまると深い！ 数学クイズ 直感力・思考力を磨く』ブルーバックス（講談社、2023年）

生活に役立つ
数学

生活に役立つ数学

Q 紙を2倍に拡大コピーするとき、「200%」にして失敗した。どうして?

A4サイズの紙を2倍のA3サイズに拡大したいんだけど、仕上がりのイメージと全然違うなあ。どうして??

ページをめくる前に考えよう

ヒント QUIZ

「$\sqrt{2}$」の説明はAとBどちら?

※答えは次のページ

$\sqrt{}$は「ルート」と読むよ。

A 2倍すると2になる数
$\sqrt{2} \times 2 = 2$?

B 2回かける(2乗する)と2になる数
$\sqrt{2} \times \sqrt{2} = 2$?

A 縦と横がそれぞれ 2 倍されて、面積が 4 倍になるから。

紙を2倍に拡大コピーしたいときは何パーセントにすればいいの？

√を使ってどれくらいの値になるか考えてみよう！

教科書を見てみよう！

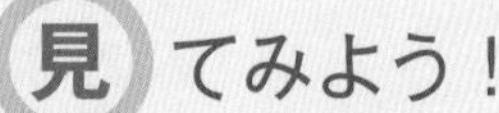

『平方根の利用』

おもに中学3年数学を参考に作成

コピー倍率

141 %	B4→B5 A3→A4	70%	B5→A4 B4→A3	115%
−＋	B5→A5 B4→A4	81%	A5→B5 A4→B4	122%
	A4→B5 A3→B4	86%	B5→B4 A4→A3	141%

コピー機で、A4の紙を2倍のA3の紙に拡大コピーをしようとしたとき、141%の倍率が表示される。

つまり、こういうこと

紙の面積を 2 倍にするときは、縦と横をそれぞれ x 倍すると考えて、平方根を利用します。

面積はもとの長方形の $x \times x = x^2$ (倍)。

2 の平方根は、方程式 $x^2 = 2$ の解 $x = \pm\sqrt{2}$ です。$\sqrt{2}$ を 2 乗すると、2 になります。

実際に$\sqrt{2}$（およそ1.41）倍にして、面積がおよそ 2 倍になることを確かめてみましょう。

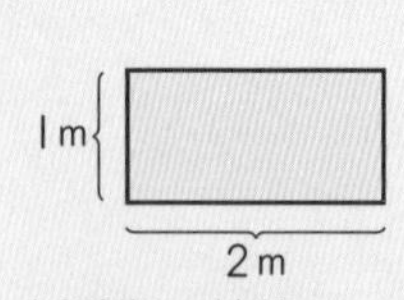

長方形の面積は縦×横だから面積は

$1 \times 2 = 2m^2$

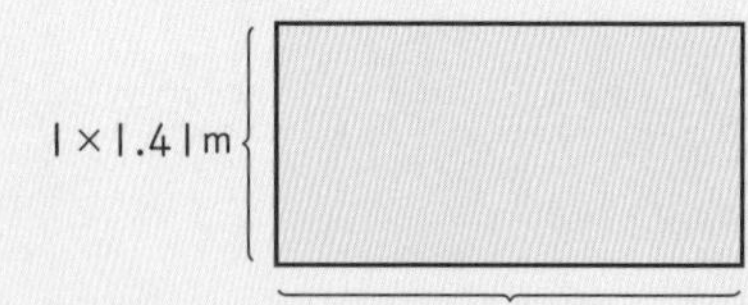

面積は

$(1 \times 1.41) \times (2 \times 1.41) = 3.9762m^2$

$2m^2$のおよそ 2 倍

$\sqrt{2}$ の実際の値は、1.41421356…（ひとよひとよにひとみごろ）だよ。

ヒントQUIZの答え：B

※答えは次のページ

書いて身につく! おさらいワーク

1

□にあてはまる式を書きましょう。

縦、横、高さを x 倍にして、3D プリンターで直方体の体積を 2 倍にするとき、［　　　　］となるように x の値を定めるとよい。

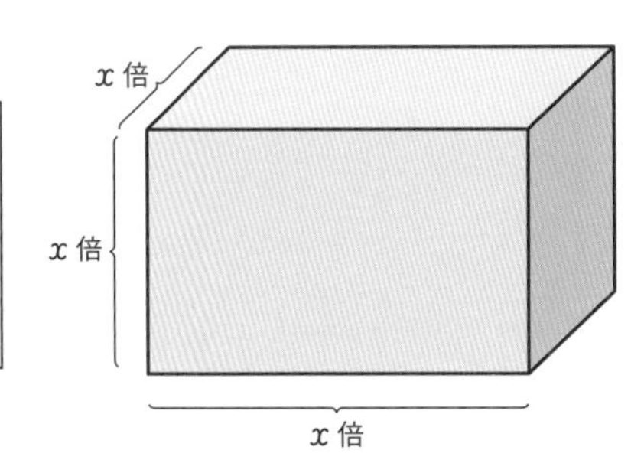

2

長方形の縦と横をそれぞれ x 倍して面積を 3 倍や 5 倍にするとき、x にあてはまる数と倍率を求めます。□にあてはまる式や数を書きましょう。

面積を 3 倍にするとき、［❶　　　　］となるように x の値を定めるとよい。
これを解けば、$x=\pm\sqrt{3}$
x は正の数なので、$x=$［❷　　　　］となる。
$\sqrt{3}=1.7320508\cdots$
（ひとなみにおごれや）
なので、およそ1.73倍（［❸　　　　］%の倍率）に拡大すればよいことがわかる。

x 倍
x 倍
面積を 3 倍
$x\times\sqrt{3}$ 倍
$x\times\sqrt{3}$ 倍

面積を 5 倍にするときも同じように考えて、$x=$［❹　　　　］となる。
$\sqrt{5}=2.2360679\cdots$
（ふじさんろくおうむなく）
なので、およそ2.23倍
（［❺　　　　］%の倍率）
に拡大すればよいことがわかる。

$\sqrt{3}$ と $\sqrt{5}$ の小数の値は覚えておこう！

おさらいワークの解答・解説

1 $x \times x \times x = 2 (x^3 = 2)$

2 ❶$x \times x = 3 (x^2 = 3)$ ❷$\sqrt{3}$ ❸173
❹$\sqrt{5}$ ❺223

メモ

下のグラフは $y = x^2$ です。（2次関数といいます）
$x = 2$ のとき $y = 2^2 = 4$、$x = 3$ のとき $y = 3^2 = 9$ です。

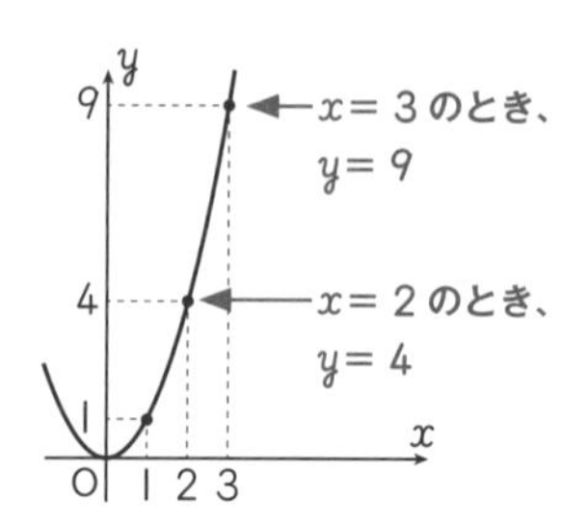

解説

1 縦、横、高さを x 倍すると体積が2倍になることから x を求める式をつくると、$x \times x \times x = 2$ となります。
ちなみに、x はおよそ1.26になります。辺々を126%に拡大すると、元の体積の2倍にすることができるとわかります。

2 ❶縦と横をそれぞれ x 倍しているので、
$x \times x = 3$ となります。
❸1.73倍なので、倍率は173%で設定することで、3倍にすることができます。
❺2.23倍なので、倍率は223%となります。

$\sqrt{}$ を使うと図形の拡大が思いのままにできるね！

Q 紙を2倍に拡大コピーするとき、「200%」にして失敗した。どうして？

A 200%に拡大すると縦と横の長さがそれぞれ2倍になって、面積は4倍になるから。

中学校で習う$\sqrt{}$がコピー機の倍率を決めるときにも利用されています。「各辺の長さを x 倍すること」を意識しながら、まちがえずにコピーしましょう。

生活に役立つ数学

Q 手紙を簡単に三つ折りする方法ってあるの？

ビジネスマナーでおなじみの「三つ折り」。
目分量だといつもズレてしまって……。いい方法、ないんだろうか？

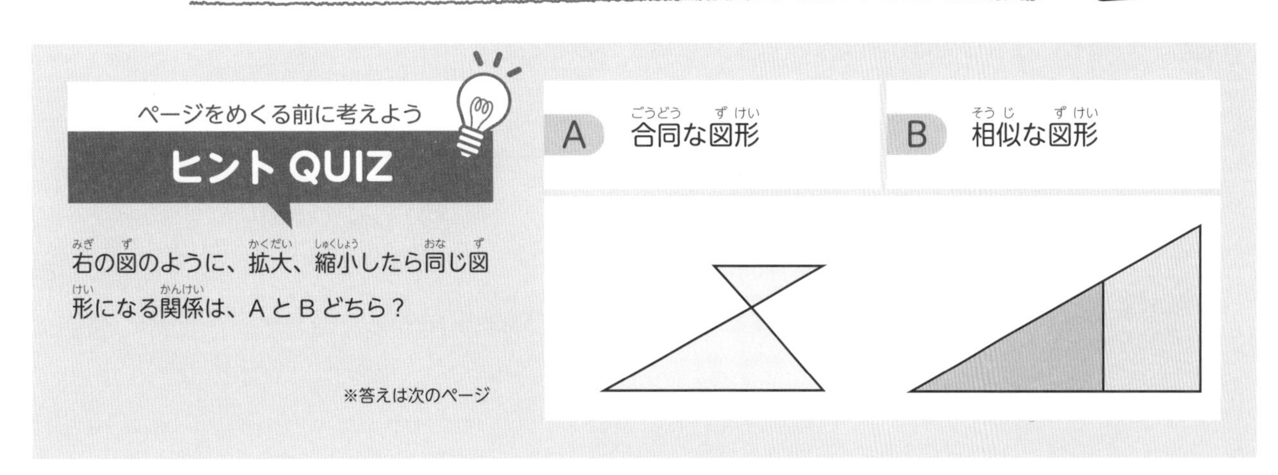

ページをめくる前に考えよう

ヒント QUIZ

右の図のように、拡大、縮小したら同じ図形になる関係は、AとBどちら？

A 合同な図形

B 相似な図形

※答えは次のページ

A 相似な三角形を使えば、三つ折りになる。

中学で習った図形の知識がどう役に立つかわからないなぁ……。

相似な三角形の性質を使って、三つ折りになる理由が説明できるよ！

教科書を見てみよう！

『三角形と比』

おもに中学３年数学を参考に作成

右の三角形ABCについて、辺AB、AC上の点をそれぞれD、Eとする。DEとBCが平行のとき、三角形ABCと三角形ADEは相似で、AD：AB＝AE：AC＝DE：BCが成り立つ。

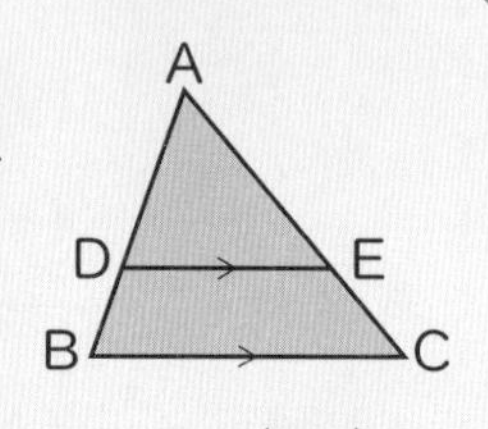

つまり、こういうこと

次の1～4の手順で、長方形の手紙の三つ折り（辺を３等分すること）ができます。

1 紙をまっすぐ半分に折る。

2 紙を長方形の対角線で折る。

3 1で折った折り目に対して、対角線で折る。

4 2と3の線の交点を通るようにまっすぐ折る。

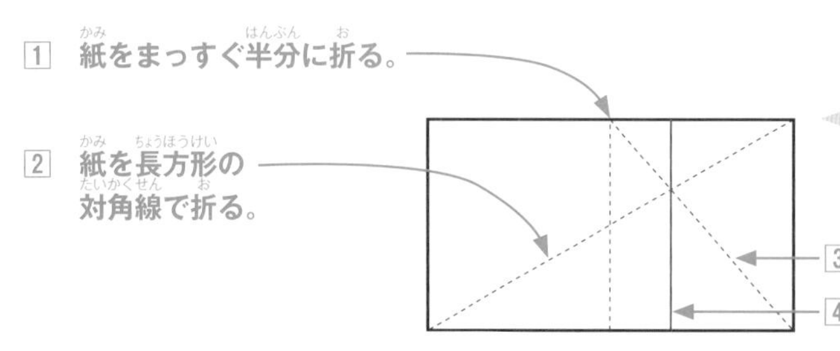

折り目がはっきり付かないように、やさしく折りましょう。

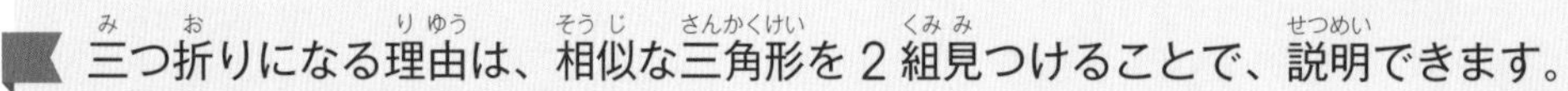

三つ折りになる理由は、相似な三角形を２組見つけることで、説明できます。

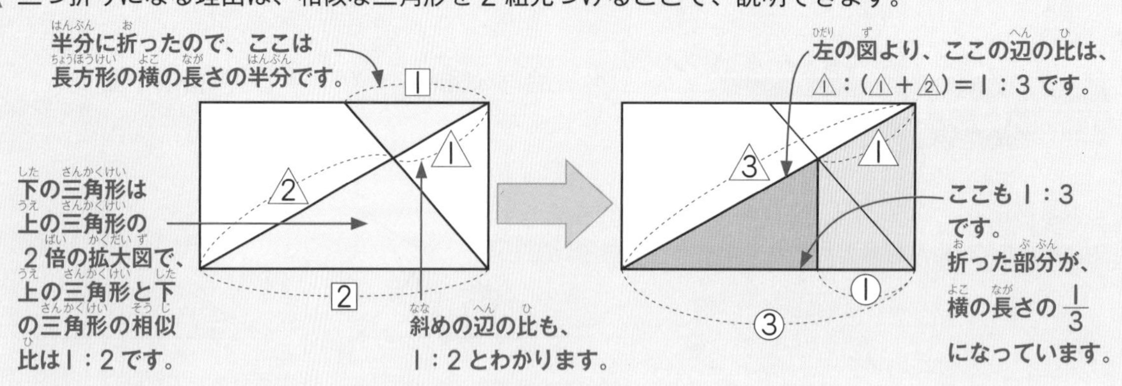

ヒントQUIZの答え：B

※答えは次のページ

書いて身につく！ おさらいワーク

1

続いて、長方形の手紙を五つ折りにすることができるか考えてみましょう。
下のような手順を考えます。

実際に折ってみよう！

❶ 長方形の紙を半分に折る。
❷ 長方形の紙を対角線で折る。
❸ さらに半分に折る。
❹ ❸でつくった折り目に対して、対角線で折る。
❺ ❷の線と❹の線の交点を通るように、まっすぐに折る。

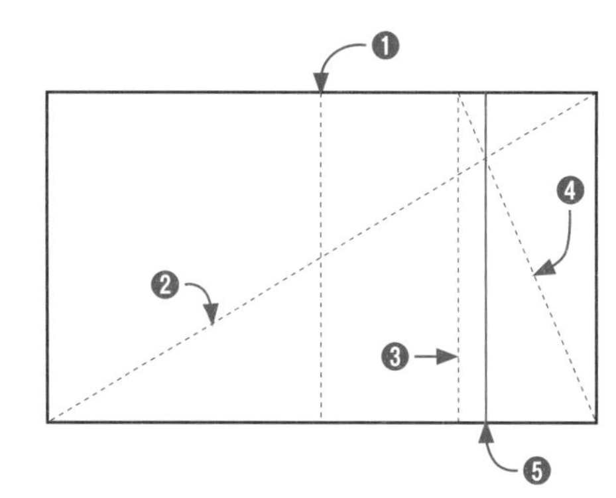

この方法で五つ折りにすることができることを、下のように説明しようと思います。□にあてはまることばや数を書きましょう。

【説明】
まず、右のような図を考えます。
長方形の紙を半分に折って、それをさらに半分に折ったことから、右の２つの ❶ ＿＿ な三角形の ❶ ＿＿ 比を求めます。
小さいほうの三角形の横の長さに対して、長方形の横の長さは、❷ ＿＿ 倍になります。
つまり、大きいほうの三角形は、小さいほうの三角形を ❷ ＿＿ 倍に拡大した三角形です。
次に、右のような図を考えます。
a の値から、b に入る数字は、❸ ＿＿ なので、❺で引いた線で区切られた横の長さは、長方形の横の長さの ❹ ＿＿ になっており、五つ折りにすることができるといえます。

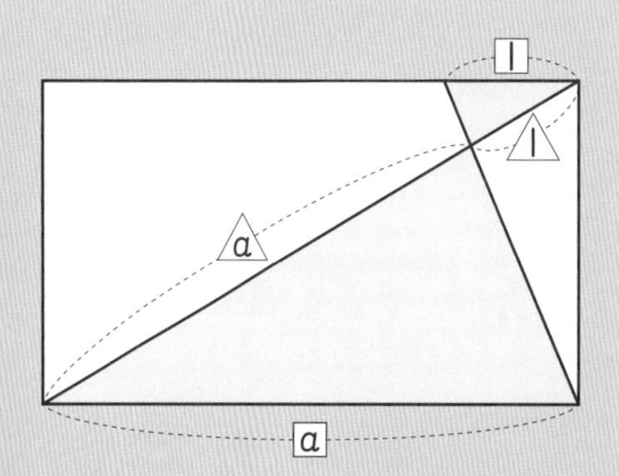

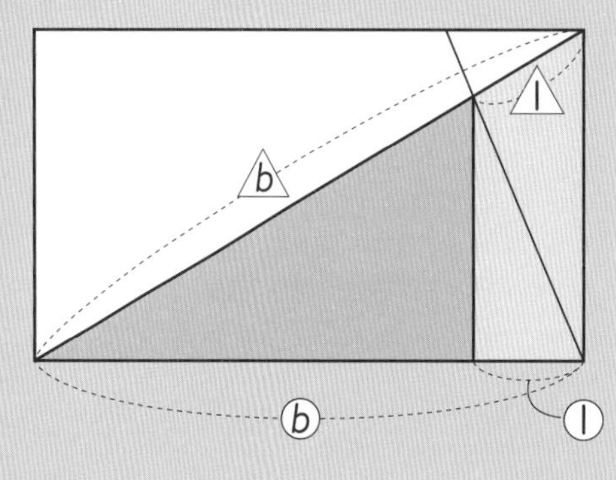

おさらいワークの解答・解説

1 ❶相似 ❷4 ❸5 ❹$\frac{1}{5}$

解説

1 ❶下の三角形は、上の三角形を何倍かに拡大した「相似な図形」です。

❷横の辺（底辺）に注目すると、長方形の紙を半分に折ったあと、さらに半分に折っていることから、大きい三角形の底辺は、小さい三角形の底辺の4倍であることがわかります。このことから、$a=4$ です。

❸赤い2つの相似な三角形と、青い2つの相似な三角形を見比べると、$1:b=1:(a+1)$ になっています。$a=4$ だから、$b=4+1=5$ です。

❹右端の、区切られた横の長さが長方形の横の長さの $\frac{1}{5}$ になっていることが、五つ折りである理由です。

メモ

2つの三角形が相似であることは、「2組の角がそれぞれ等しい」ことがいえれば示すことができます。（三角形の相似条件の1つ）
今回は、以下のように等しい2組の角を見つけることができます。

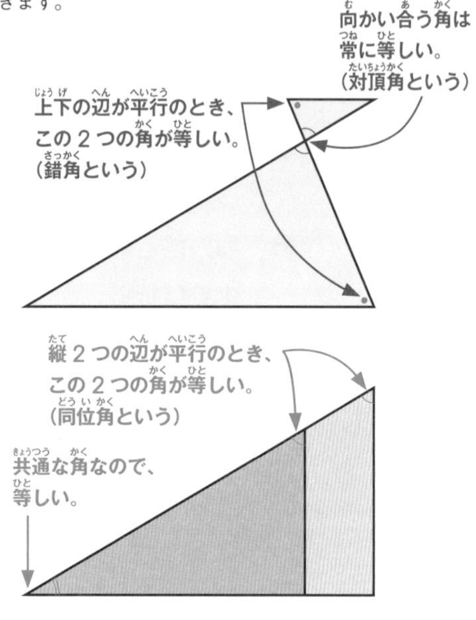

Q 手紙を簡単に三つ折りする方法ってあるの？

A 相似な三角形の辺の比を使えば、長辺を三等分することができて、三つ折りになる。

中学校の数学で習う図形の性質を使えば、3分割、5分割、……と2で割り切れない数（奇数）の分割が可能になります。7分割、9分割でもできないか、試してみましょう！

生活に役立つ数学

Q ゴキブリが1匹いたら実際は100匹いるっていうけど、ホントなの？

ゴキブリは次々と子の代、孫の代がうまれていくから、あっという間に数が増えるって聞いたことがあるよ。

ページをめくる前に考えよう

ヒント QUIZ

江戸時代の算術書「塵劫記」にはネズミの増え方が書かれています。ネズミの増え方についての算術の名前は？

※答えは次のページ

父ネズミと母ネズミの1つがいで、2×6＝12（匹）（オスとメス6匹ずつ）子を産む。

1月に2匹、2月にさらに12匹増え、3月にまたさらに……。

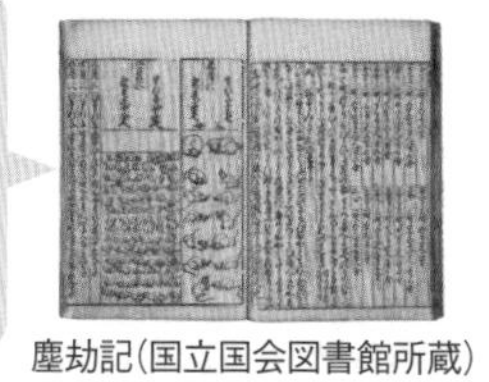
塵劫記（国立国会図書館所蔵）

答え ＿＿＿＿＿＿＿＿

A 「ネズミ算式」に増えていくならば、100匹いてもおかしくない。

教科書を見てみよう！

『文字と式』

おもに中学1年数学を参考に作成

〈累乗〉
立方体の体積を求める式のように同じ文字（数）をかける式を累乗という。

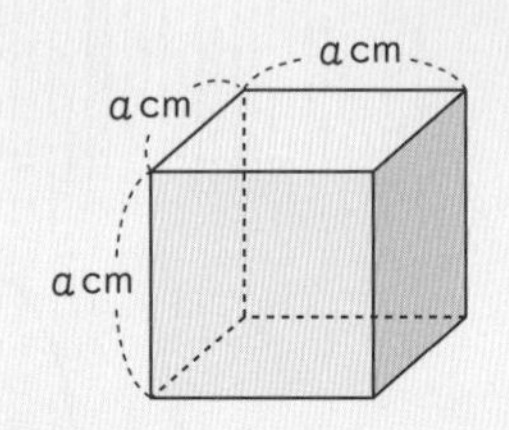

$\underbrace{a \times a \times a}_{}= a^3$ のように、指数を使って表せる。
a を3個かける。（a の3乗という。）

つまり、こういうこと

「ネズミ算」は、ネズミの増え方で累乗の計算を考える、日本の伝統的な算術（和算）です。
仮に、ゴキブリがネズミ算式に増えていくとします。
1月には2匹いたゴキブリが、2月にそこから6倍の12匹増やします（合わせて14匹です）。
3月には、2月の12匹が72匹増やして、1月の2匹がさらに12匹増やすので、72＋12＝84（匹）増えます（合わせて2＋12＋84＝98匹です）。
2月のゴキブリの総数は1月の7倍、3月のゴキブリの総数は2月の7倍、…のようになります。

$2+2\times6=2\times(1+6)=2\times7$ です。

- 1か月後…ぜんぶで $2\times7=14$（匹）
- 2か月後…ぜんぶで $2\times\underbrace{7\times7}_{7^2}=98$（匹）

⋮　　⋮

- n か月後…ぜんぶで $2\times\underbrace{7\times7\times\cdots\times7}_{7^n}$（匹）

1年後（12か月後）には、ぜんぶで
2×7^{12}＝およそ277億（匹）になっています。

277億!?
もはや100匹どころじゃないね……！

ヒントQUIZの答え：ネズミ算

※答えは次のページ

書いて身につく！ おさらいワーク

1

ここでは、下の図のように、2匹のゴキブリから、それぞれ1回だけ12匹（オスとメスがそれぞれ6匹ずつ）生まれることを考えます。世代が進んでいくにつれて、数が爆発的に増えていきます。

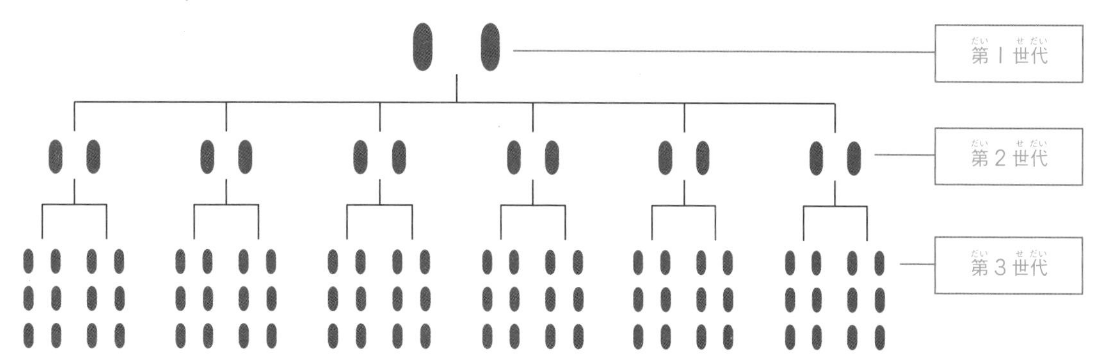

⬮ 1つが、「ゴキブリ」1匹を表していると考えるんだね……。

この図を見ながら、□にあてはまる数を書きましょう。

【説明】

まずはじめに、第1世代が2匹いるとします。

第2世代では ❶［　　］匹、第3世代では ❷［　　］匹となり、❸［　　］倍の増え方をしています。

このことから、第2世代、第3世代が何匹であるかを計算で求めることができます。

第2世代では 2×❹［　　］匹、第3世代では 2×❺［　　］匹の式で求まります。

同様にして、第4世代ではゴキブリは 2×❻［　　］匹、第5世代では 2×❼［　　］匹で求められるとわかります。

説明を見ながら増え方を確かめていこう！

おさらいワークの解答・解説

1 ❶12　❷72　❸6　❹6

❺$6^2$（36）　❻$6^3$（216）　❼$6^4$（1296）

解説

1 図から、第１世代では２匹だったものが、第２世代ではその６倍の12匹となっており、第３世代ではさらにその６倍の72匹になっていることがわかります。

❹上のことを式で表すと、2×6 となります。

❺上のことを式で表すと、2×6^2 となります。

❻❼ひとつ下の世代にいくごとに６倍に増えていきます。

第 n 世代として生まれるゴキブリの数は、$2 \times 6^{n-1}$（匹）であるといえることから、

第１世代：２匹（$2 \times 6^0 = 2 \times 1 = 2$）

第２世代：$2 \times 6 = 12$（匹）

第３世代：$2 \times 6^2 = 72$（匹）

第４世代：$2 \times 6^3 = 432$（匹）

第５世代：$2 \times 6^4 = 2592$（匹）

となります。

メモ

第１世代、第２世代、第３世代、…のそれぞれの世代に生まれたゴキブリの数をなめらかな線で結ぶと、下の図のようなグラフがかけます。

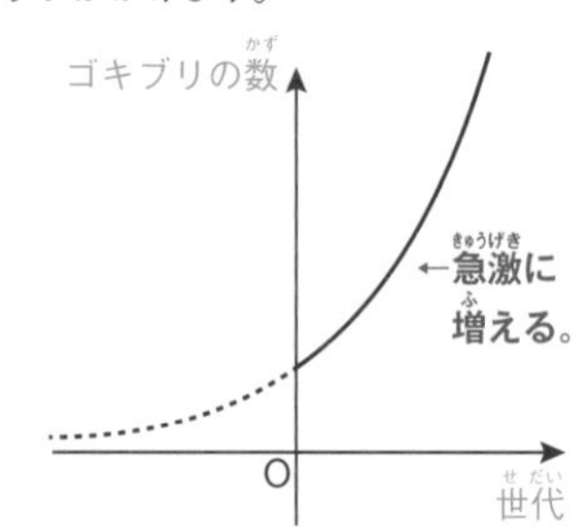

このようなグラフを描く関数を「指数関数」といいます。横軸の数値が大きくなると、縦軸の数値が急激に大きくなる特徴があります。

Q ゴキブリが１匹いたら実際は100匹いるっていうけど、ホントなの？

A ネズミ算式に累乗で増えていくと考えるならば、100匹いてもおかしくない。

ゴキブリは卵生であり、ネズミと増え方が違います。本書を信じるか信じないかは、あなた次第です！

生活に役立つ数学

Q 冷凍食品を記載時間通り温めたのに、まだ冷たい…。正しい温め方は？

「600Wで50秒」って書いてあるけど、家の電子レンジは500W…。
何秒温めればいいかわからないなぁ。

ページをめくる前に考えよう

ヒント QUIZ

右の図は、あるコンビニ弁当の温め時間の表です。xにはどの数字が入る？

500W	600W	1000W
x秒	50秒	30秒

答え

※答えは次のページ

A 「600Wで50秒」と書いてあるとき、「かけて30000」になればOK。

600×50=30000の計算がポイントということかな？

「かけて30000」の考え方がW数と温める時間の関係だよ！

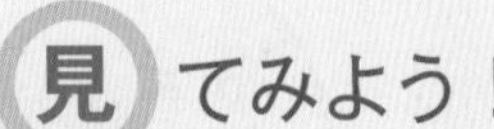

教科書を見てみよう！

『比例と反比例』

おもに中学1年数学を参考に作成

電子レンジの電力（W数）をxW、加熱時間をy秒とすると、

$x \times y$は一定（反比例の関係）

になる。

つまり、こういうこと

表示されている電力と加熱時間のかけ算が「30000」になるときを考えます。

3000（W）×10（秒）＝ 30000（J）←「電力量」と呼ばれる量です。Jは「ジュール」と読みます。

1000（W）×30（秒）＝ 30000（J）

500（W）×60（秒）＝ 30000（J）←この値が同じなら同じように温まります。

これを使うと、加熱時間を求めることができます。

「$x \times y$＝一定の値（ここでは、30000）」となることを使って表にまとめると、以下のようになります。

x（W）	500	600	1000	1500
y（秒）	60	50	30	20

500×60＝600×50
＝1000×30
＝1500×20
＝30000

短い時間で温めるためには、さらにW数が大きい電子レンジで温めなければいけないね。

記載された電力が「600Wで50秒」のときは、「500Wの電力で温めるには60秒」のように、加熱時間を見積もりましょう。

ヒントQUIZの答え：x＝60

※答えは次のページ

書いて身につく！ おさらいワーク

1

次の x と y は反比例の関係（$x \times y$＝一定）になっています。□にあてはまる数を答えましょう。

① $x \times y = 20$の関係があるとき。

x	1	2	4	5
y	20	10	❶ □	4

② 12km の道のりを毎時 $x$km の速さで y 時間進むとき。

x（km/時）	1	2	3	4
y（時間）	12	6	❷ □	3

③ 面積30cm^{2}の長方形の縦が $x$cm、横が $y$cm のとき。

縦 x（cm）	1	2	3	5
横 y（cm）	30	15	❸ □	6

②は（道のり）＝（速さ）×（時間）の関係、
③は（面積）＝（縦）×（横）の関係を表しているよ。

2

次の表の中で、x と y が反比例の関係になっているものはどれでしょうか。

㋐

x	1	2	3	4
y	10	20	30	40

㋑

x	2	3	4	5
y	30	20	15	12

㋒

x	3	4	5	6
y	50	40	30	20

$x \times y$＝（一定の値）の関係はどれかな？

おさらいワークの解答・解説

1 ❶5　❷4　❸10　**2** ㋑

解説

1 ❶ $x \times y = 20$だから、
$4 \times \square = 20$となるので、
$\square = 20 \div 4 = 5$

❷ $x \times y = 12$だから、
$3 \times \square = 12$となるので、
$\square = 12 \div 3 = 4$

❸ $x \times y = 30$だから、
$3 \times \square = 30$となるので、
$\square = 30 \div 3 = 10$

2 ㋐ xが2倍、3倍、…になると、yも2倍、3倍、…になっているので、比例しています。

㋑ $x \times y = 60$となっているので、反比例です。

㋒比例でも反比例でもありません。

メモ

$x \times y =$（一定の値）となる反比例の関係では、xの値が2倍、3倍、…となるとき

yの値は$\frac{1}{2}$倍、$\frac{1}{3}$倍、…となります。

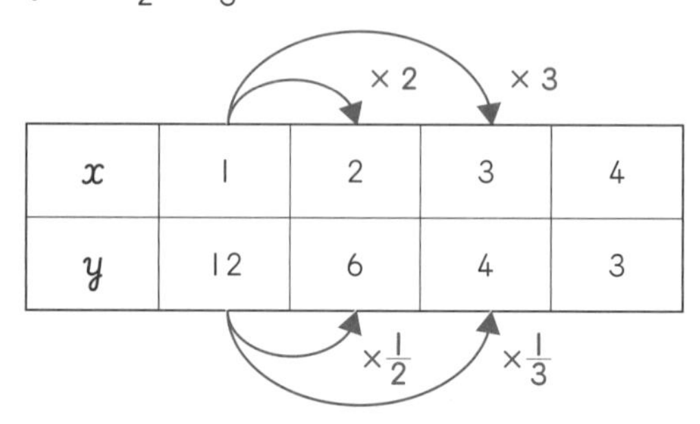

x	1	2	3	4
y	12	6	4	3

上の例だと、
$x=3$のときのyの値は、
$x=1$のときのyの値
12の$\frac{1}{3}$倍で、
$12 \times \frac{1}{3} = 4$だね！

Q 冷凍食品を記載時間通り温めたのに、まだ冷たい…。正しい温め方は？

A 温める時間は、電力量（W数×秒）が等しくなるように電力ごとに記載されている。

まずW数と加熱時間をかけ算します。反比例の関係を使って、W数に応じた加熱時間が求められます。W数ごとの加熱時間が記載されていなくてもわかることをおさえましょう。

生活に役立つ数学

Q わり勘をするときに金額が今いる人数でわり切れるかどうか知りたい！

代金が人数でわり切れるかどうかが瞬時にわかる、かっこいい大人になりたい！

ページをめくる前に考えよう

ヒント QUIZ

ある数が4でわり切れるかどうかは、その数の何が4でわり切れるかを見ればわかる？

※答えは次のページ

- A　下1桁の部分の数
- B　下2桁の部分の数
- C　下3桁の部分の数

A 倍数を判定する方法を使うだけで、わり切れるかどうかがわかる。

そもそも倍数って何だっけ？

4の倍数は4、8、12、…
つまり、4でわり切れる整数ってことだよ！

教科書を見てみよう！

『倍数の見つけ方』

おもに中学3年数学を参考に作成

〈倍数の判定法〉
2の倍数：下1桁の数が2でわり切れる（偶数）
3の倍数：各位の数の和が3の倍数
4の倍数：下2桁の数が4の倍数
5の倍数：一の位の数が0または5
9の倍数：各位の数の和が9の倍数

つまり、こういうこと

「□が4の倍数」は、「□が4でわり切れる」ということです。

●15720が3でわり切れるかどうか。

15720の各位の数の和…1＋5＋7＋2＋0＝15　←15÷3＝5で、3でわり切れる。
15720÷3＝5240　←3でわり切れる。
⇒3でわり切れるか確かめるときは、「各位の数の和が3でわり切れるかどうか」を見る！

●15720が4でわり切れるかどうか。

15720の下2桁の数…20　←20÷4＝5で、4でわり切れる。
15720÷4＝3930　←4でわり切れる。
⇒4でわり切れるか確かめるときは、「下2桁の数が4でわり切れるかどうか」を見る！

地道にわり算しなくても、頭の中で確かめられるんだ！

●15720が9でわり切れるかどうか。

15720の各位の数の和…1＋5＋7＋2＋0＝15　←15÷9＝1あまり6で、9でわり切れない。
15720÷9＝1746あまり6　←9でわり切れない。
⇒9でわり切れるか確かめるときは、「各位の数の和が9でわり切れるかどうか」を見る！

ヒントQUIZの答え：B

※答えは次のページ

書いて身につく! おさらいワーク

1

2468がどんな数でわり切れるかどうかを、左のページにある「倍数の判定法」を使って考えます。次の❶から❻にあてはまる数字を書きましょう。また、Ⓐから Ⓔには「わり切れる」、または「わり切れない」で答えましょう。

① 2でわり切れる？

下1桁が ❶ ＿＿ です。これは、❷ ＿＿ でわり切れるから、Ⓐ ＿＿ 。

② 3でわり切れる？

各位の数の和は、2+4+6+8= ❸ ＿＿ であるから、Ⓑ ＿＿ 。

③ 4でわり切れる？

下2桁が ❹ ＿＿ であるから、Ⓒ ＿＿ 。

④ 5でわり切れる？

下1桁が ❺ ＿＿ であるから、Ⓓ ＿＿ 。

⑤ 9でわり切れる？

2+4+6+8= ❻ ＿＿ であるから、Ⓔ ＿＿ 。

2

次の数について、それぞれ何の倍数でしょうか。あてはまるものをすべて選びましょう。

① 111111

A：2の倍数　B：3の倍数　C：4の倍数

② 7512

A：3の倍数　B：4の倍数　C：9の倍数

③ 969840

A：4の倍数　B：5の倍数　C：9の倍数

111111÷3 や 7512÷9 を計算するのは大変だけど「倍数の判定法」を使えばすぐにわかりそう！

おさらいワークの解答・解説

1 ❶8　❷2　❸20　❹68　❺8　❻20

Ⓐわり切れる　Ⓑわり切れない

Ⓒわり切れる　Ⓓわり切れない

Ⓔわり切れない

2 ①B　②A、B　③A、B、C

解説

1 ①下1桁が8だから、2でわり切れます。

②各位の数の和は、2+4+6+8=20 だから、3でわり切れません。

③下2桁が68だから、4でわり切れます。

④下1桁が8だから、5でわり切れません。

⑤各位の数の和は、2+4+6+8=20 だから、9でわり切れません。

2 ①1+1+1+1+1+1=6は3でわり切れます。だから、3の倍数です。

②7+5+1+2=15だから3の倍数です。

また、下2桁が12なので4の倍数でもあります。

③下2桁が40なので、4の倍数です。また、下1桁が0なので、5の倍数、9+6+9+8+4+0=36なので、9の倍数です。だから、A、B、Cすべてがあてはまります。

メモ

〈6の倍数を判定する方法〉

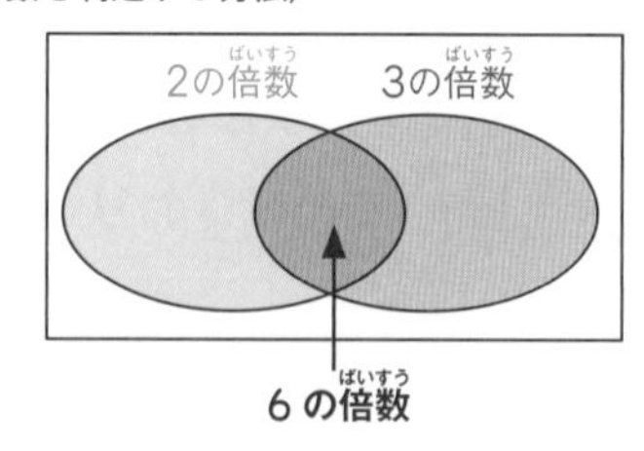

6の倍数は「2の倍数でもあり3の倍数でもある数」です。ある数が6でわり切れるかを確かめるときは、その数の下1桁の数が2でわり切れて、なおかつ、各位の数の和が3の倍数であることを確かめます。

Q わり勘をするときに金額が今いる人数でわり切れるかどうか知りたい！

A 倍数の判定法を使うことで、その数が2、3、4、5、9でわり切れるかどうかわかる。

わり算が得意になるコツは、最初にわり切れるかどうかを確かめることです。
倍数の判定法を使うことで、計算力を伸ばしましょう。

生活に役立つ数学

Q 19×17、24×28、59×53……ぜんぶ暗算でできるってホント?

19×17、24×28、59×53、……。ぜんぶ十の位が同じ数字どうしのかけ算だな……。どういうトリックなんだろう……?

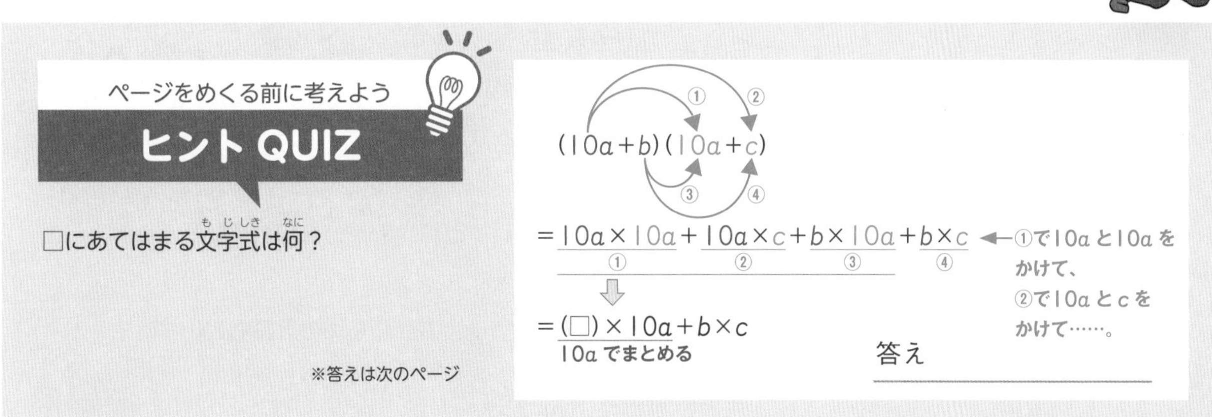

A 十の位の数字が等しい2桁のかけ算は、「おみやげ算」を使うと超簡単！

おみやげ算？
おみやげって何？

19×17のかけ算の、「かける数の一の位7」を、「おみやげ」として、かけられる数19に渡すんだよ。

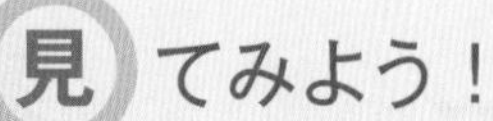

おもに中学3年数学を参考に作成

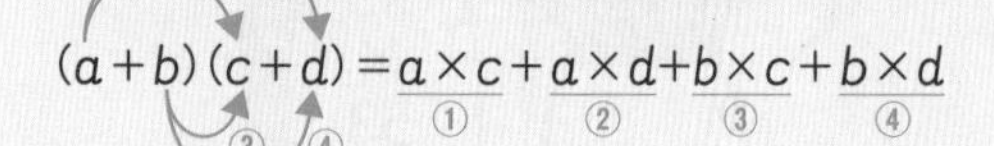

$(a+b)(c+d)$ を計算するには、次のように、それぞれの文字の部分をかけ合わせて、それらのたし算をつくる。

※文字式のかけ算は、ふつう、×の記号を省略して、「$a\times d \to ad$」のように表す。

つまり、こういうこと

p.29の「ヒントQUIZ」の結果を使うと、$(10a+b)(10a+c)=(10a+b+c)\times 10a+b\times c$ となります。　左辺の $(10a+b)(10a+c)$ に $a=1$、$b=9$、$c=7$ をあてはめると、$(10\times 1+9)\times(10\times 1+7)=19\times 17$ だから、$19\times 17=(19+7)\times 10+9\times 7$ であることを導くことができます。

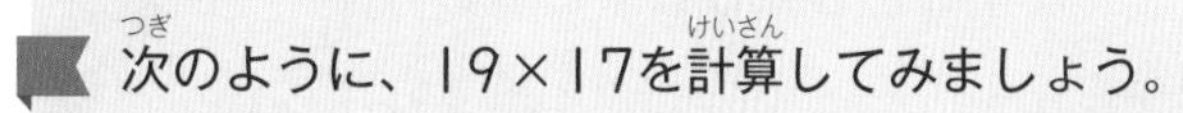

【STEP1】おみやげ（かける数の一の位）を渡す。

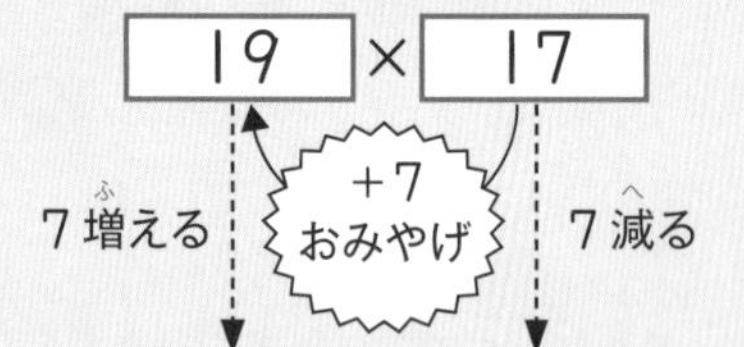

26 × 10 = ① 260

【STEP2】2つの数の一の位どうしをかける。

一の位 9 × 一の位 7 = ② 63

【STEP3】①と②をたす。　答え 323

かける数がキリのいい数になったから、暗算できるね。

b×c（2つの数の一の位どうしのかけ算）の部分を忘れずに計算しよう。

①の計算も②の計算も、①+②もぜんぶ暗算でできた！

ヒントQUIZの答え：$10\times a+b+c$（$10a+b+c$、$10\times a+c+b$ なども正解です）

※答えは次のページ

書いて身につく! おさらいワーク

1

19×17と同じように、十の位の数字が等しい2けたの数のかけ算は、「おみやげ算」を使って計算することができます。□や（　）をうめて、おみやげ算で計算しましょう。

① 24×28（十の位が「2」で等しい）

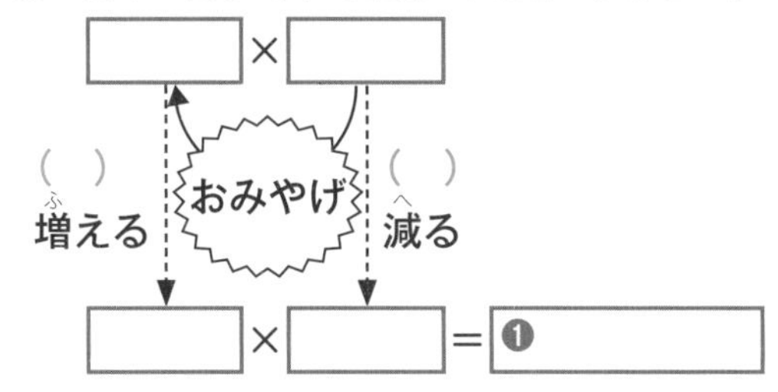

□×□＝❶

一の位×一の位＝❷

❶＋❷ 答え

② 59×53（十の位が「5」で等しい）

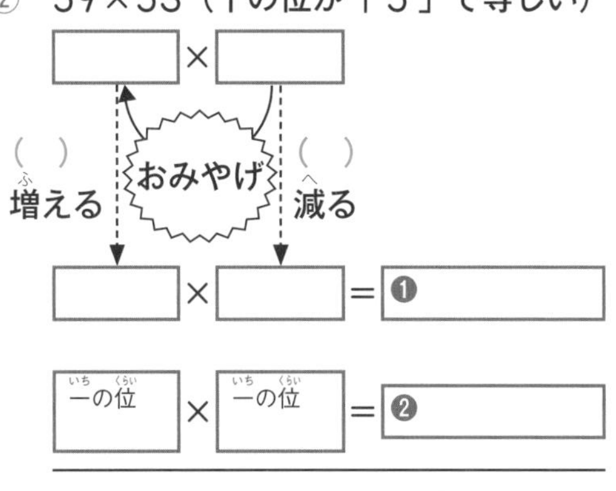

おさらいワークの解答・解説

1 ①672

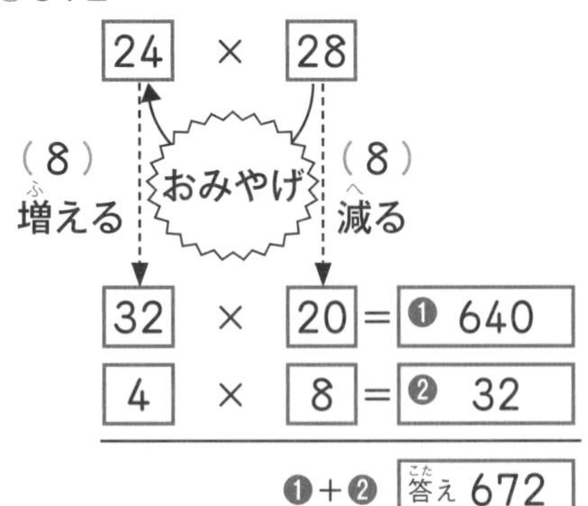

②3127

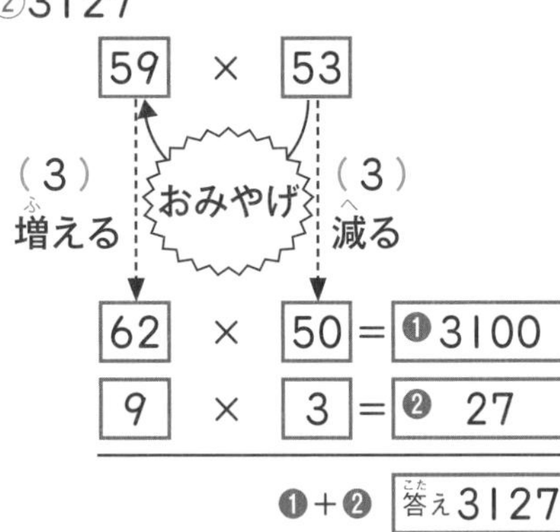

メモ

かけ算 19×17 の結果は、同じ大きさの正方形のブロックを、縦に19個、横に17個しきつめたときの、ブロックの数と同じです。

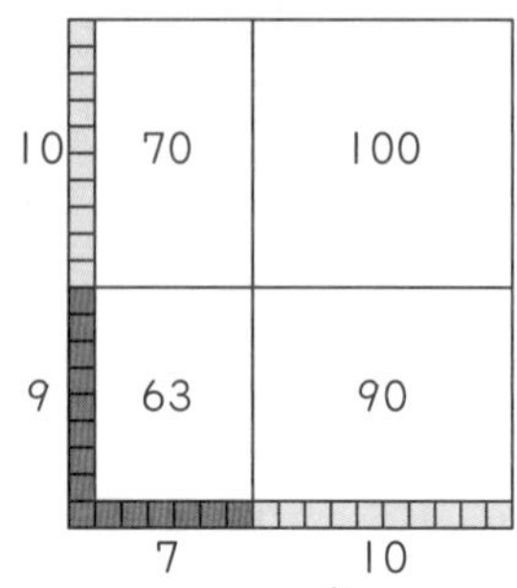

19を10と9、17を10と7に分けることで、上の図のようにしきつめたブロックを4つの領域に分けることができます。すると、100個、70個、63個、90個のまとまりができます。おみやげ算の「26×10」が70+90+100に、「9×7」が63に、それぞれ対応しています。

注意 ⚠

「おみやげ算」を使うことができるのは、「**十の位の数字が同じ2つの数**」です。どんな2桁のかけ算でも使えるという訳ではないので、注意しましょう。

Q 19×17、24×28、59×53……ぜんぶ暗算でできるってホント？

A 十の位の数字が等しい2桁のかけ算は、「おみやげ算」を使うと超簡単！

2桁のかけ算を見たらすぐに面倒な筆算をしていませんか？　かける数がキリのいい数になる、ありがた～い「おみやげ」を使って、ラクラク計算しましょう♪

生活に役立つ数学

Q 2ケタ×1ケタの計算も暗算でできるってホント?

57×9、43×8、79×8、…
いちいち電卓でやるのは面倒! 一瞬で計算したいなぁ～

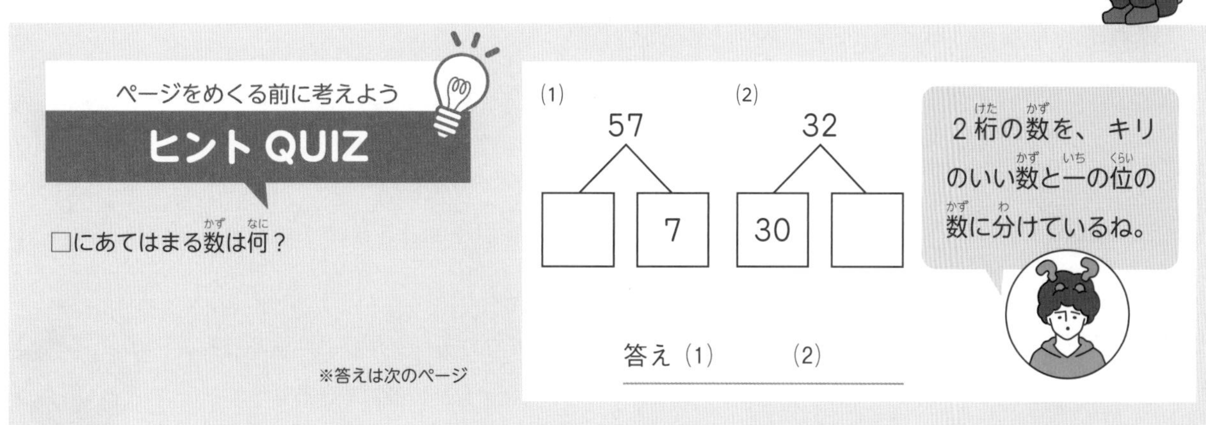

A 分配法則を使うと、暗算で計算することができる。

分配法則？？ さっきは、おみやげを渡すことで計算したけど、今度は何を配るの？？

キリのいい数を作って、そこの1桁の数を「配る」んだ。

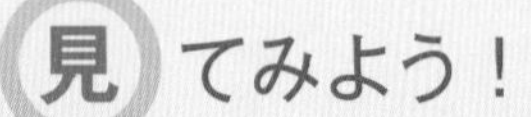

『分配法則』

おもに中学1年数学を参考に作成

〈分配法則〉

縦Ccm、横(A+B)cmの長方形の面積(A+B)×C(cm²)と、縦Ccm、横Acmの長方形と縦Ccm、横Bcmの長方形の面積の合計(A×C+B×C)cm²は、等しくなる。

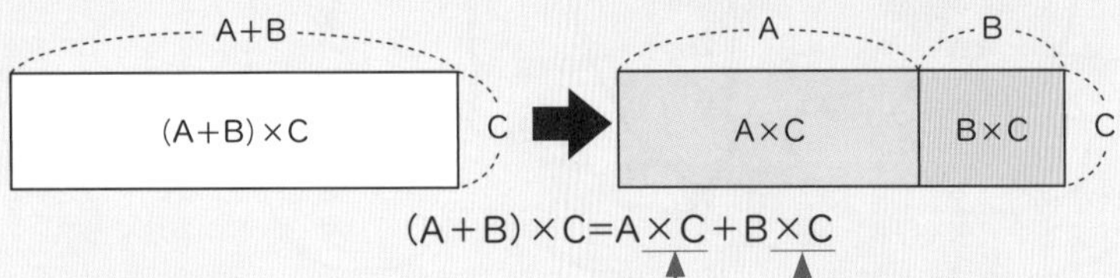

(A+B)×C=A×C+B×C

CをAとBに「分配」している。

※長さの単位をcmとする。

つまり、こういうこと

●(A＋B)×C＝A×C＋B×Cを使って、57×9を計算します。
57は、キリのいい50と、一桁の数7に分けることができます。
それぞれ9をかけると……。

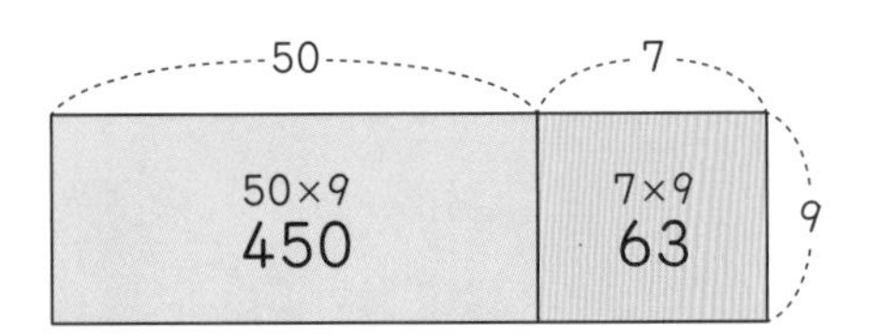

50×9＝450も7×9＝63も、それぞれ暗算でできるね！

50×9＝450と、7×9＝63の結果をたすことで、57×9＝450＋63＝513と計算することができます。

百の位の繰り上がりに注意すると、450＋63も暗算できるよ！

ヒントQUIZの答え：(1)50 (2)2

※答えは次のページ

書いて身につく! おさらいワーク

1

下の図を使って、43×8 の計算を、筆算を使わずに求めましょう。

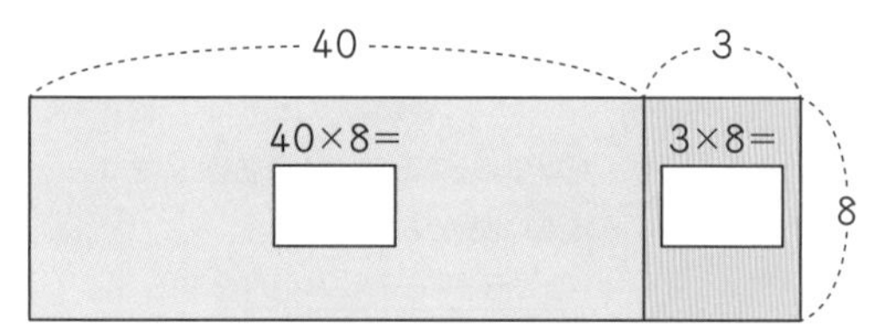

43=40+3 として、
それぞれに 8 を
かけるんだね。

答え

筆算で計算したいところを
グッとガマン……!

2

次の計算を暗算でしましょう。

① 24×4　　② 33×8

③ 54×3　　④ 66×6

⑤ 79×8　　⑥ 87×9

かけられる数をキリのいい数
にして、20×4、30×8、…
を頭に思い浮かべながら解く
のがコツだよ!

すごい!
ぜんぶ暗算でできる!

おさらいワークの解答・解説

1 344

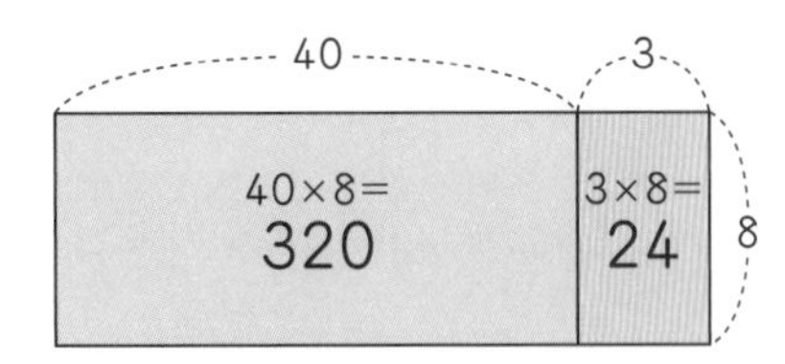

2 ①96　②264　③162

④396　⑤632　⑥783

解説

1 図を使うと、43×8＝320＋24＝344 と求めることができます。

2 難しいようでしたら、鉛筆を使って、２つのかけ算の結果をメモしてから、たし算をしてみましょう。

①24×4＝20×4＋4×4＝80＋16＝96

②33×8＝30×8＋3×8＝240＋24＝264

③54×3＝50×3＋4×3＝150＋12＝162

④66×6＝60×6＋6×6＝360＋36＝396

⑤79×8＝70×8＋9×8＝560＋72＝632

⑥87×9＝80×9＋7×9＝720＋63＝783

メモ

１ケタ×２ケタの計算も、かける数とかけられる数をひっくり返すと、同じように計算できます。

(例) 9×57 を計算したい……

かける数57とかけられる数９をひっくり返しても計算の結果は変わらないので、

9×57＝57×9＝513

のように計算することができます。

※9×57＝9×(50＋7)＝9×50＋9×7 が成り立つので、かける数をキリのいい数に分けてから、

9×50＋9×7＝450＋63＝513

のように計算しても構いません。

電卓に頼っていたあの頃と比べて、成長したなあ……。

Q ２ケタ×１ケタの計算も暗算でできるってホント？

A **分配法則を使ってキリのいい数のかけ算をすることで、暗算で計算することができる。**

57×9＝513 が計算できれば、例えば、57×18＝(57×9)×2＝513×2＝1026 も計算できて、暗算の世界が広がります。電卓要らずの賢い大人になりましょう！

生活に役立つ数学

Q 自動車の車間距離はどれだけとるといいの?

車は急に止まれない!
ブレーキを踏んでから、自動車が停止するまでにどれくらい進むのかな。

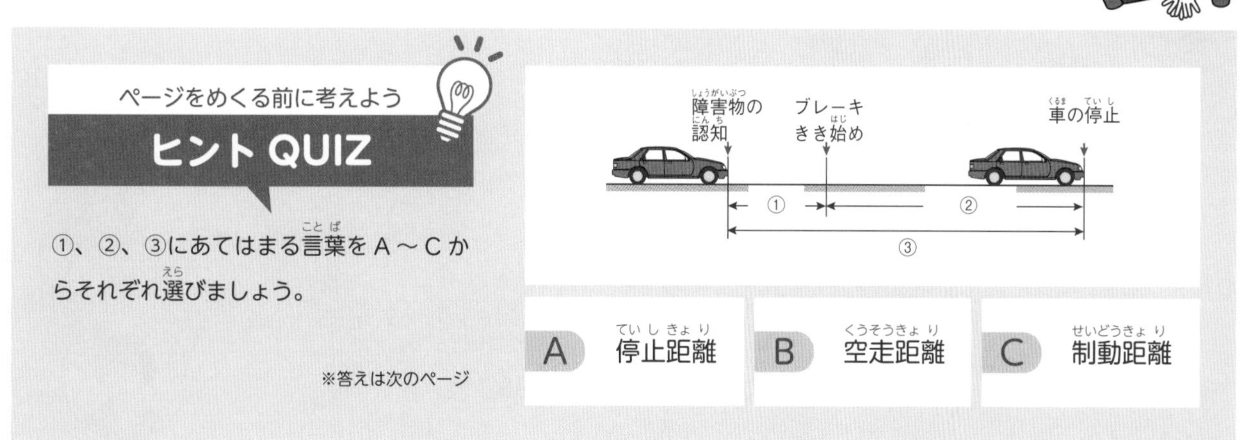

A 速ければ速いほどたくさんの車間距離が必要。

速さが２倍ならば
車間距離も２倍？

ちがうよ!!「空走距離」と「制動距離」の
２つを考えなければいけないんだ！

教科書を見てみよう！

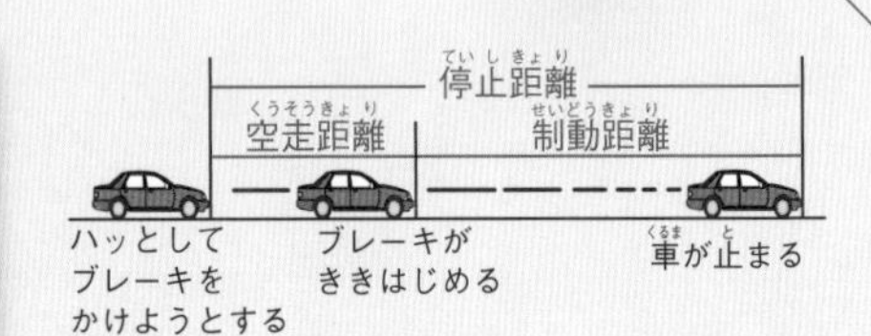

『関数 $y=ax^2$』

おもに中学３年数学を参考に作成

自動車は、ブレーキを踏んでからすぐには止まらない。障害物を認知してからブレーキをかけて停止するまでの距離（**停止距離**）は、次の①と②の距離をたして考える必要がある。

① ブレーキがきき始めるまでの間に自動車が進む距離（**空走距離**） →速度に比例
速度が２倍、３倍になれば、空走距離も２倍、３倍になる（「**１次関数**」になる）。

② ブレーキがきき始めてから自動車が停止するまでの距離（**制動距離**） →速度の２乗に比例
速度が２倍、３倍になれば、制動距離は　$2^2=4$倍、$3^2=9$倍になる（「**２次関数**」になる）。

つまり、こういうこと

時速20kmで走る車の空走距離が6m、制動距離が3mとします。速度が２倍、３倍、…になると、空走距離は２倍、３倍、…になり、制動距離は2^2倍（４倍）、3^2倍（９倍）、…になります。

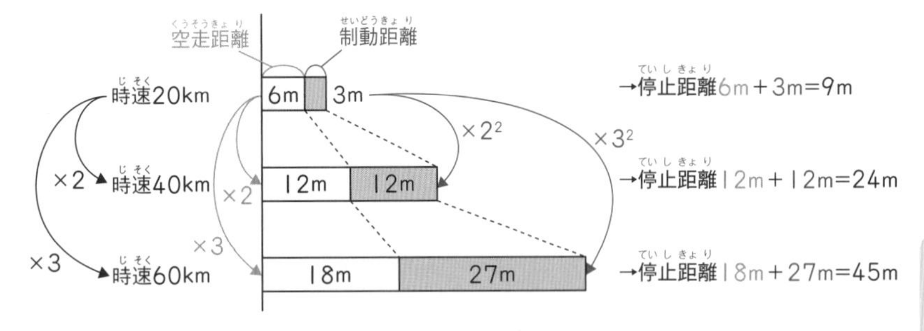

※実際のそれぞれの距離は条件により異なります。

時速が速くなると、制動距離がどんどん長くなっているね。

ヒントQUIZの答え：①B　②C　③A

※答えは次のページ

書いて身につく！ おさらいワーク

時速20km で走るある車の空走距離が6m、制動距離が3m でした。この条件で、時速80km で走行するとき、□にあてはまる数を書いて、停止距離を推測してみましょう。

速度が80÷20（倍）になっているから……

1

まずは、空走距離を計算してみましょう。

時速80km で走ったときの空走距離を求めましょう。

1．空走距離は［❶　］次関数で表されます。

2．自動車の速度は［❷　］倍になっているので、空走距離は［❸　］倍になります。

3．したがって、時速80km で走る時の空走距離は［❹　］m と推測できます。

速度が 2 倍、3 倍なら、制動距離はそれぞれ2^2倍、3^2倍になるから……

2

次に、制動距離を計算してみましょう。

時速80km で走ったときの制動距離を求めましょう。

1．制動距離は［❺　］次関数で表されます。

2．自動車の速度は［❻　］倍になっているので、制動距離は［❼　］倍になります。

3．したがって、時速80km で走る時の制動距離は［❽　］m と推測できます。

3

最後に、停止距離を計算してみましょう。

空走距離が［❾　］m で、制動距離が［❿　］m であることから、停止距離はこの 2 つをたして、［⓫　］m と推測できます。

おさらいワークの解答・解説

1 ❶1　❷4　❸4　❹24

2 ❺2　❻4　❼16　❽48

3 ❾24　❿48　⓫72

停止距離が72m!? 十分注意して運転しないといけないね……

メモ

〈雨の日の制動距離〉
雨の日は制動距離が晴れの日の約1.5倍！
十分に前の車と車間距離を空けて運転しましょう。

スピードの出しすぎは禁物！

解説

1 空走距離は１次関数で計算されます。

［１次関数］

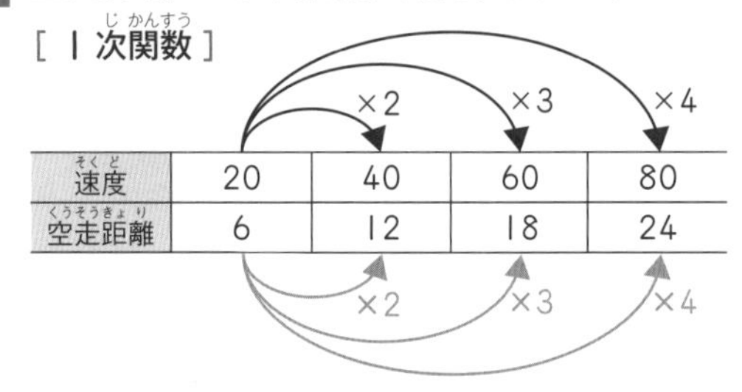

速度	20	40	60	80
空走距離	6	12	18	24

時速20kmのときの空走距離が6mであるので、速度がその４倍になっている時速80kmのときの空走距離は、6×4＝24mと推測できます。

2 制動距離は２次関数で計算されます。

［２次関数］

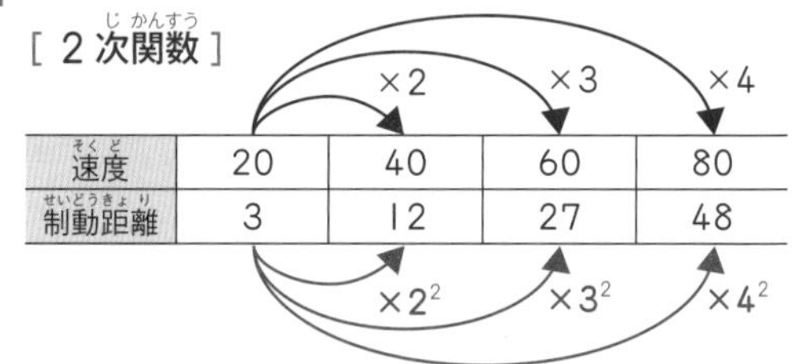

速度	20	40	60	80
制動距離	3	12	27	48

時速20kmのときの制動距離が3mであるので、速度がその４倍になっている時速80kmのときの制動距離は、3×16＝48mと推測できます。

Q 自動車の車間距離はどれだけとるといいの？

A 空走距離は速さに比例し、制動距離は速さの２乗に比例するので速ければ速いほど車間距離が必要。

停止距離は車間距離を決める１つの目安です。特に、地面がぬれていたり、凍っていたりすると条件が変わります。停止距離を念頭に置いて無事故を心がけましょう！

Q 馬券の3連単（1着2着3着の馬を的中させること）の当たる確率はどのくらい？

競馬ってぜんぜん当たらないイメージがあるけれど、「数うちゃ当たる」で馬券を買ったら、どのくらい当たるかなぁ？

ページをめくる前に考えよう

ヒントQUIZ

さいころを振ります。1の目が出る確率と6の目がでる確率では高いのはどっち？

※答えは次のページ

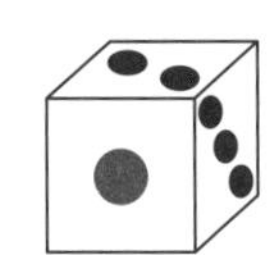

どの目も出るチャンスは、同じだけあるはずだね！

答え

A 18頭の馬から3連単の馬券が当たる確率は、$\frac{1}{4896}$

4896回やって1回
当たるかどうかってこと!?

何回やっても確率はそのたびに
$\frac{1}{4896}$だよ!

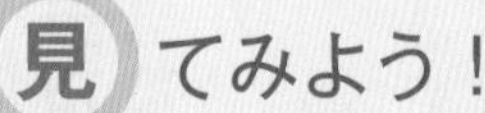

『確率』

おもに中学3年数学を参考に作成

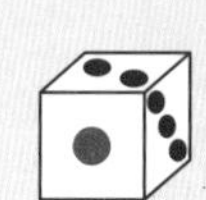

〈確率の求め方〉

2つのさいころを振って、目の和が「8」になる確率は?

2つのさいころの目の出方…6通り×6通り=36通り ←「場合の数」という。

目の和が8になる組み合わせ…(2,6)、(3,5)、(4,4)、(5,3)、(6,2)の5通りで、

目の和が8の確率=$\frac{\text{目の和が8の場合の数}}{\text{すべての場合の数}}$より、$\frac{5}{36}$

つまり、こういうこと

どの馬にも同じように勝つチャンスがあるとして、馬券の当たる確率を計算します。

例えば、馬①~⑱の18頭の馬が出走するとき、1回馬券を買って予想した1着と2着と3着の馬の順番がすべて当たる(3連単)確率を考えましょう。

- 1着…18頭の馬から1頭を選ぶから、選べるのは18通り
- 2着…もし1着で馬①を選んだとき、2着で選べるのは馬②~⑱の17通り
- 3着…もし1着で馬①、2着で馬②を選んだとき、3着で選べるのは馬③~⑱の16通り

つまり、1着から3着の馬とその順位の場合の数は全部で18×17×16=4896(通り)あります。

そのうち1通りだけが当たりなので、確率は$\frac{1}{4896}$です。

確実にお金を手に入れたいなら、競馬は効率が悪いかも……。

今回、どの馬も同じように勝つチャンスがあると考えたね。数学的には「同様に確からしい」というんだ。

ヒントQUIZの答え:同じ(いずれも$\frac{1}{6}$の確率)

※答えは次のページ

書いて身につく! おさらいワーク

1

今度は馬が12頭のときの馬券の当たる確率を求めます。まず、馬①～馬⑫までの全12頭の馬の中で、1着が馬⑤、2着が馬⑥と予想しました。この馬単（1着と2着の馬とその順番）が当たる確率を、次の□にあてはまる数をうめて計算してみましょう。

1着の馬から順番に当てはめていきます。

右の図を参考にすると、1着の選び方は［❶　］通りです。

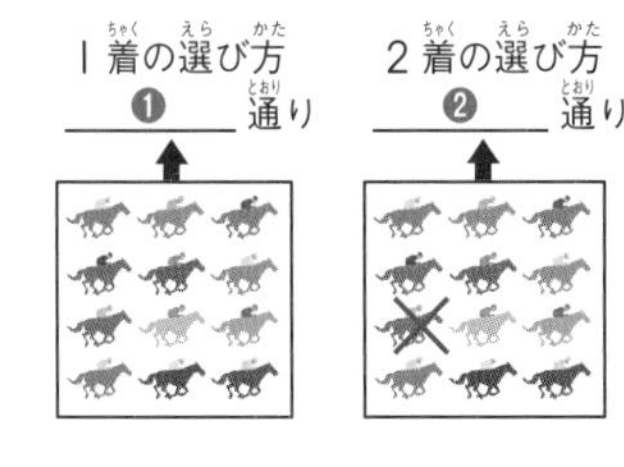

その［❶　］通りに対して、2着の選び方はそれぞれ［❷　］通りです。したがって、

全部で［❶　］×［❷　］＝［❸　］（通り）になります。

1着が馬⑤、2着が馬⑥となる選び方は1通りなので、その確率は［❹　］です。

1着と2着をあわせて考えるときはかけ算なんだね。

2

次に、馬①～馬⑫までの全12頭の馬の中で、1着が馬⑤、2着が馬⑥、3着が馬①と予想しました。この馬券（3連単）が当たる確率を、次の□にあてはまる数をうめて計算してみましょう。

3連単 WIN!!
⑤→⑥→①

まず、1着になる馬と2着になる馬と3着になる馬の全ての順番を考えます。これまでと同じように1着の12通りのそれぞれに対して2着、3着の場合の数を考えると、

全部で［❶　］×［❷　］×［❸　］＝［❹　］（通り）になります。

1着が馬⑤、2着が馬⑥、3着が馬①となる選び方は1通りなので、その確率は［❺　］です。

おさらいワークの解答・解説

1 ❶12 ❷11 ❸132 ❹$\frac{1}{132}$

2 ❶12 ❷11 ❸10 ❹1320 ❺$\frac{1}{1320}$

解説

1 **2** 1着になる馬の選び方は12通りです。
2着になる馬は、1着で選んだ馬以外の
12−1＝11（頭）から選ぶので、11通りです。
3着になる馬は、1着と2着で選んだ馬以外の
12−1−1＝10（頭）から選ぶことになるので、10通りです。
馬単（1着と2着の馬の順番）
→12×11＝132（通り）
3連単（1着と2着と3着の馬の順番）
→12×11×10＝1320（通り）
12頭では、馬単の当たる確率は$\frac{1}{132}$で、3連単の当たる確率は$\frac{1}{1320}$です。

メモ

〈さまざまな馬券の買い方とその確率〉
単勝…1着の馬だけを当てること。
12頭が走るとき、この馬券が当たる確率は、$\frac{1}{12}$

馬連…1着と2着の馬の着順は関係なく、その組み合わせを当てること。
馬⑤→馬⑥で予想しても
馬⑥→馬⑤で予想しても当たりになるので、当たりは2通りあります。
12頭が走るときこの馬券が当たる確率は、
$\frac{2}{132}=\frac{1}{66}$

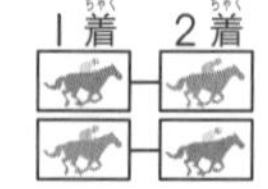

1のように2着までの馬とその順位を当てる買い方を「馬単」というよ！

12頭でさえ、3連単の当たる確率はこんなに低いのか〜。

Q 馬券の3連単の当たる確率はどのくらい？

A **どの馬にも同じように勝つチャンスがある（同様に確からしい）とすると、3連単の当たる確率は$\frac{1}{4896}$と計算できる。**

当たりにくい馬券のほうが賞金は高く設定されているはずです。確率を使うと、馬券を「数うちゃ当たる」で買うことが無謀であるとわかります。

Q 「リボ払い」って、どうして危険なの？

リボ払いなら月々の支払額は一定なのに、高価なお買い物ができて超便利！
でも……そんなおいしい話、本当にあるのかな？？

ページをめくる前に考えよう

ヒントQUIZ

５万円の商品に対する手数料の金利が10％のとき、はじめの利用日数30日に対してかかる手数料はだいたいいくら？

※答えは次のページ

※利用日数に応じた手数料
＝借金の残高×金利×利用日数÷365の日割り計算です。

手数料は借金の残りにかかっていると考えるんだね！

答え

A 月々の一定の返済額に、手数料が組み込まれているから。

教科書を見てみよう！

『お金と数学』

おもに中学３年数学を参考に作成

銀行などにお金を預けたり、反対にお金を借りたりすると、利息が付きます。利息の付き方には２種類あります。利息を元金（元々のお金）にふくめて、全体に利息をつける方式（複利）と、利息を元金にふくめない方式（単利）があります。

つまり、こういうこと

複利でお金を借りると、時間の経過とともにどんどん返済額が膨れ上がっていくので、危険なイメージを持たれがちです。では、単利だったら安全なのでしょうか？

実はそうではありません。一般的にクレジットカードの「リボルビング払い（リボ払い）」は、元金のみに手数料が発生する、単利を応用した方式です。このことから、返済額の増加は緩やかで、一見安全に見えます。しかし、安全に見えるところが落とし穴なのです。

例えば、ある商品の購入時に、「月々5000円ずつ」返済していくリボ払いを利用したとします。返済額は5000円のままなので、ヒントQUIZのように今月の手数料が411円かかったとしても、今月の返済額は、5000＋411（円）にはなりません。借金を返済できるのは、実質5000−411＝4589（円）分だけです。

借金の残高から4589円をのぞいた分に対して、翌月の手数料が計算されます。手数料が月々かかっているのに、支払額は月々5000円のままです。いつまで経っても返済が終わらず、累計の手数料もわかりにくい状態です。

お金は一気に返さないと損！

5000円返済　うち411円が手数料

月々手数料がかかる。

減った借金は5000円でなく、4589円分だけ！

ヒントQUIZの答え：約411円（50000×0.1×30÷365＝410.9…を四捨五入して、整数にした金額）

※答えは次のページ

書いて身につく！ おさらいワーク

1

リボ払いの金利は15%程度であることが一般的です。今回は15%として、以下の式にあてはめて計算します。

手数料＝借金の残高×金利×利用日数÷365

10万円を金利15.0%で借り入れて、月々5,000円ずつ返済します。1か月目の日数を30日とします。表をうめて、1か月目の手数料と10万円の返済にあてることができる金額、翌月借金残高を求めてみましょう。ただし、小数点以下は四捨五入します。

1か月目	借金の残高		金利		日数		年間日数		手数料
	100000	×	0.15	×	30	÷	365	=	❶
	返済額		手数料		減らせる借金				
	5000	－	❶	＝	❷				
	借金の残高		減らせる借金		翌月借金残高				
	100000	－	❷	＝	❸				

電卓を使って計算してもOKだよ！

2

1に続いて、2か月目も同じように計算してみましょう。月の日数は30日とします。

2か月目	借金の残高		金利		日数		年間日数		手数料
	❸	×	0.15	×	30	÷	365	=	❹
	返済額		手数料		減らせる借金				
	5000	－	❹	＝	❺				
	借金の残高		減らせる借金		翌月借金残高				
	❸	－	❺	＝	❻				

3か月目、4か月目、…と翌月の借金が0になるまで、続けるんだね……。

おさらいワークの解答・解説

他教科リンク 社会 9ページ
生きていくのに必要なお金について解説！

1

	借金の残高		金利		日数		年間日数		手数料
1か月目	100000	×	0.15	×	30	÷	365	=	❶1233
	返済額		手数料		減らせる借金				
	5000	−	❶1233	=	❷3767				
	借金の残高		減らせる借金		翌月借金残高				
	100000	−	❷3767	=	❸96233				

2

	借金の残高		金利		日数		年間日数		手数料
2か月目	❸96233	×	0.15	×	30	÷	365	=	❹1186
	返済額		手数料		減らせる借金				
	5000	−	❹1186	=	❺3814				
	借金の残高		減らせる借金		翌月借金残高				
	❸96233	−	❺3814	=	❻92419				

※この計算を続けていくと、借金を完済するのに24か月（２年）かかります。

メモ

〈単利と複利のちがい〉
10万円を年率10％の金利で借りて、借金をまったく返済しなかったとき……

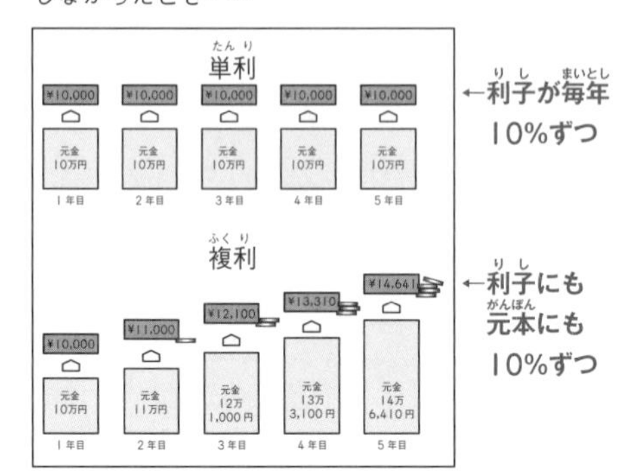

単利は元金に対して毎月一定の利息が付く方式です。
複利は元金と利息をあわせた分に対して、利息が付く方式です。

全然元金が減らない
……ガーン！

Q 「リボ払い」って、どうして危険なの？

A **月々の返済額に手数料が組み込まれており、借金額（元金）がなかなか減らない上、手数料を多く払っていると気づきにくいから。**

気軽に使ってしまいがちなリボ払いですが、無計画に使うと知らず知らずのうちに多額の手数料を支払うことになります。気をつけましょう！

身近にある
数学

身近にある数学

Q 視力検査で、「視力1.0」の次が「視力1.1」ではないのはなぜ？

視力表を見ると、視力1.0の次は1.2、その次は1.5、その次は2.0……。
どうしてとびとびのわかりにくい数値になっているんだろう？

ページをめくる前に考えよう

ヒントQUIZ

「y が x に反比例している」とき成り立つ関係はA、Bどちら？

A　$y=(\text{一定の値})\times x$

B　$y=\dfrac{(\text{一定の値})}{x}$　($y=(\text{一定の値})\div x$)

※答えは次のページ

A 視力は「1÷視角」という式で計算されるから。

そもそも視力ってどうやって決めているんだろう？

視力は「ランドルト環」と呼ばれる図によって測定されるよ！

教科書を見てみよう！

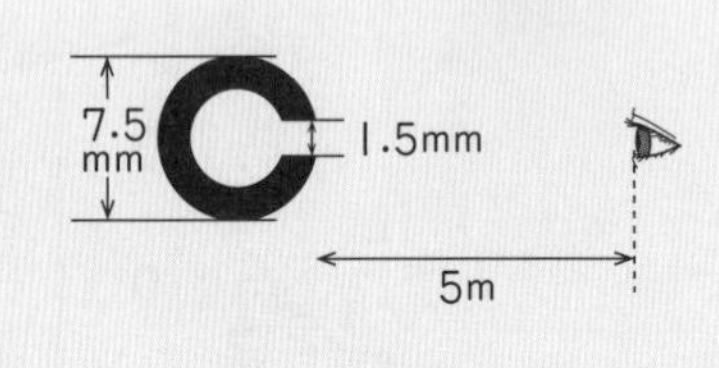

『変化と対応』

おもに中学1年数学（コラムページ）を参考に作成

上のようなすき間のある図（ランドルト環という）を、5m離れたところから見てそのすき間が判別できたとき、「1.0の視力がある」と決められている。視力はランドルト環のすき間を変えて、求められる。ランドルト環のすき間を $x$mm として、視力を y とすると、y は x に反比例することがいえる。

つまり、こういうこと

ランドルト環のすき間の大きさが小さくなれば、判定できる視力は大きくなります。

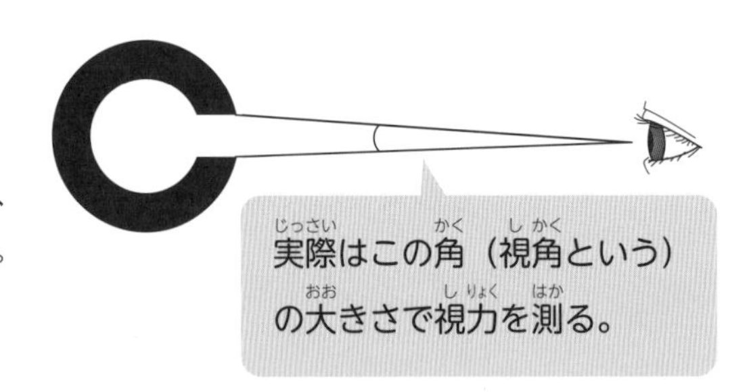

ランドルト環のすき間と視力を測る人の目で作られる角のことを、**視角**といいます。この視角を使って、実際の視力を求めています。視角はかなり小さい角度なので、1°の60分の1である1′（1分）で表されます。以下の関係が成り立ちます。

（視力）＝1÷（視角） ←**視力は視角に反比例しています。**

視力が0.1から＋0.1になるときと、視力が1.0から＋0.1になるときでは、視角の減り方が異なります。

視力＋0.1
- 視力0.1→視角…1÷0.1＝10′
- 視力0.2→視角…1÷0.2＝5′

視角−5′

視力＋0.1
- 視力1.0→視角…1÷1.0＝1′
- 視力1.1→視角…1÷1.1＝およそ0.91′

視角−0.09′

視力1.1は、視力1.0のときと視角の差があまりないので、「必要とされていない」値です。

※答えは次のページ

書いて身につく! おさらいワーク

1

この人の左目で視角 2′を視認できたとき、視力がいくつ以上かを計算で求めてみましょう。

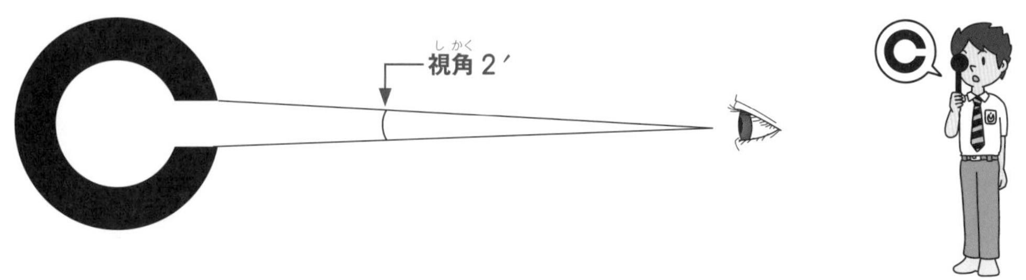

2

視力を x、視角を y′として、x と y の関係を式で表すと、$y=1\div x$ $\left(y=\frac{1}{x}\right)$ となります。

これをグラフにすると右のようになります。視力（x）と、判別できる視角（y′）の関係について、下の表の□をうめて、まとめてみましょう。

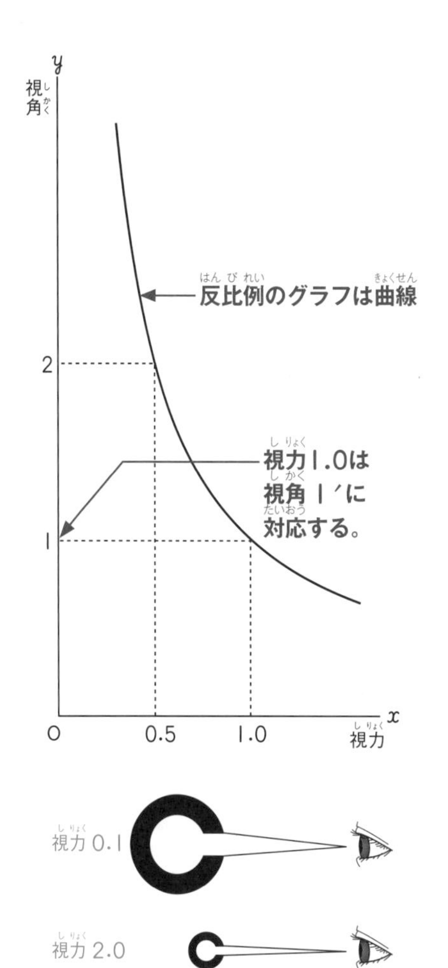

y の値	x の値
❶	0.1
❷	0.2
❸	0.5
❹	1.0
およそ0.67	1.5
❺	2.0

$y=1\div x$ だから、x に0.1、0.2、…を代入（文字を数値に換えること）していけば、y の値が求まる。

おさらいワークの解答・解説

1 0.5（以上）

2 ❶10　❷5　❸2　❹1　❺0.5

解説

1 1÷（視角）＝（視力）であることから、この式に視角2′をあてはめると、1÷2＝0.5となって、視力0.5以上と求めることができます。0.5よりも大きな視力であるかどうかは、視角の大きさを小さくしていって、同じように1÷（視角）を計算することでわかります。

2 1と反対に、視力の数値から対応する視角の大きさを求めることができます。
$y=1\div x$ が成り立つことから、x にそれぞれの値を代入して視角（y'）の値を計算すると、グラフの x と y の関係に対応する数値を求めることができます。

メモ

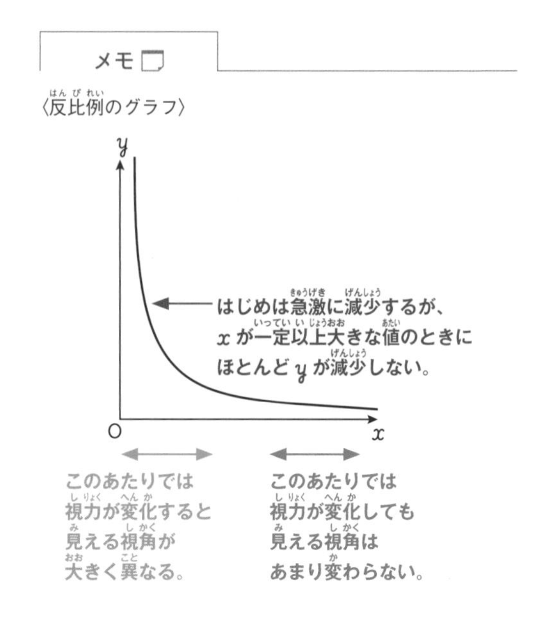

❶ $y=1\div0.1=10$　❷ $y=1\div0.2=5$
❸ $y=1\div0.5=2$　❹ $y=1\div1.0=1$
❺ $y=1\div2.0=0.5$

Q 視力検査で、「視力1.0」の次が「視力1.1」ではないのはなぜ？

A **視力は「1÷視角」で計算され、視角の変化の大きさをふまえて必要な視力が定められているから。**

反比例の関係はさまざまな場面で現れます。同じ距離を進むときの（速さ）と（時間）、温度が一定の気体にかかる（圧力）と（体積）の関係なども、反比例の関係が成り立つことが知られています。

身近にある数学

Q 還暦ってどうして60歳なの?

還暦は「暦がもとに還る(戻る)」と書くね。
どういう意味なんだろう?

ページをめくる前に考えよう

ヒントQUIZ

「十干」と「十二支」は、それぞれ何年で1周する?

※答えは次のページ

十　干:甲、乙、丙…と、1年に1つずつ割り当てられる。

十二支:子、丑、寅…と、1年に1つずつ割り当てられる。

答え　十干:　　　年、十二支:　　　年

A 10と12の最小公倍数が60だから。

教科書を見てみよう！

数学

『倍数と公倍数』

おもに小学5年算数を参考に作成

3の倍数→3、6、9、(12)、15、18、21、(24)、…
4の倍数→4、8、(12)、16、20、(24)、28、32、…

- 3と4の共通の倍数を3と4の**公倍数**という。小さいものから、12、24、36…である。
- 3と4の公倍数の中で一番小さい公倍数12を**最小公倍数**という。

つまり、こういうこと

10年で1周する「十干」というルールと、12年で1周する「十二支」というルールがあります。十干は「甲、乙、…、癸」の10個（年）の繰り返し、十二支は「子、丑、…亥」の12個（年）の繰り返しで、「甲子」「乙丑」のように十干と十二支を1年に1つずつ組み合わせて表します。

下の表から、先頭の「甲子」に戻るのは、**10と12の最小公倍数である60年後**とわかります。はじめてもとの暦に戻る60年（歳）が、還暦です。

	1	2	3	4	5	6	7	8	9	10	11	12	
1年目→	甲子	乙丑	丙寅	丁卯	戊辰	己巳	庚午	辛未	壬申	癸酉	甲戌	乙亥	
	13	14	15	16	17	18	19	20	21	22	23	24	
	丙子	丁丑	戊寅	己卯	庚辰	辛巳	壬午	癸未	甲申	乙酉	丙戌	丁亥	
	25	26	27	28	29	30	31	32	33	34	35	36	
	戊子	己丑	庚寅	辛卯	壬辰	癸巳	甲午	乙未	丙申	丁酉	戊戌	己亥	
	37	38	39	40	41	42	43	44	45	46	47	48	
	庚子	辛丑	壬寅	癸卯	甲辰	乙巳	丙午	丁未	戊申	己酉	庚戌	辛亥	
	49	50	51	52	53	54	55	56	57	58	59	60	61
	壬子	癸丑	甲寅	乙卯	丙辰	丁巳	戊午	己未	庚申	辛酉	壬戌	癸亥	甲子 ←60年後にもとに戻る。

60年後は、十干は6周目、十二支は5周目だね。

ヒントQUIZの答え：十干…10（年） 十二支…12（年）

※答えは次のページ

書いて身につく！ おさらいワーク

1

高校野球で有名な阪神甲子園球場は、「甲子」の年に完成したことからこの名がつきました。甲子園球場が完成したのは大正13年です。西暦に直すと何年でしょうか。前回の甲子は、西暦1984年（昭和59年）です。

60年でもとに戻ってくるんだったね！

2

日本の国会を構成する参議院議員の半数を選ぶ参議院選挙は３年に一度行われます。また、地方公共団体の長や地方議会議員を選ぶ統一地方選挙は４年に一度行われます。2019年に２つの選挙が同時に行われました。次にこの２つの選挙が同時に行われる年はいつでしょう。

	2019	2020	2021	2022	2023	2024	2025	2026	2027	2028	2029	2030	2031	2032	2033	2034
参議院選挙		1年後	2年後	3年後												
統一地方選挙																

上のマスに色を塗ってさがそう！
同時に行われるのが亥年であるため、
「亥年選挙」と呼ばれているよ！

3

バス停を10分ごとに発車するバスAと、15分ごとに発車するバスBがあります。午前8時5分にバス停をバスAとバスBが同時に発車したとすると、次に同時にバス停を発車するのは何時何分ですか。

バスA

バスB

おさらいワークの解答・解説

1 1924年

2 2031年

	2019	2020	2021	2022	2023	2024	2025	2026	2027	2028	2029	2030	2031	2032	2033	2034
参議院選挙		1年後	2年後	3年後												
統一地方選挙																

3 午前８時35分

解説

1 1984年が甲子であることから、60年で１周するので、1984−60＝1924（年）も甲子であることがわかります。

2 ３年と４年ごとにマス目を塗ります。2019年の次に両方のマス目が塗られている年は、2031年とわかります。３と４の最小公倍数が12なので、2019＋12＝2031（年）と計算することもできます。

3 10分と15分ごとなので、10の倍数と15の倍数の共通の数。つまり、10と15の最小公倍数を求めます。10の倍数は10、20、㉚…、15の倍数は15、㉚、45…なので、30分後の午前８時35分に同時に発車します。

注意 ⚠

〈還暦は120歳じゃないの？〉
十干は10通り、十二支は12通りあることから、すべての組み合わせを10×12＝120（通り）とするのは誤りです。十干十二支は、年が１年ずつ進むごとに十干と十二支の両方が同時に変化していくので、出現しない組み合わせが60通りあります。例えば、下のような組み合わせはありません。

14	65
~~甲卯~~	~~己辰~~

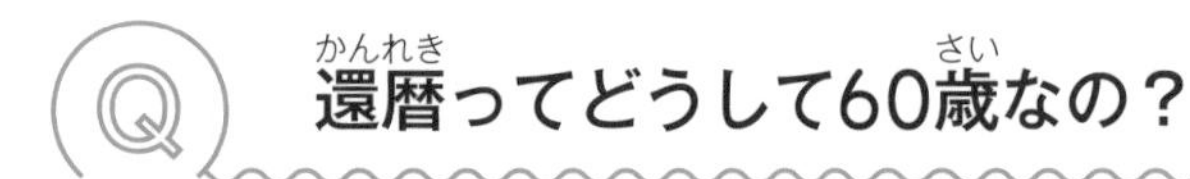

Q 還暦ってどうして60歳なの？

A 十干の「10」と十二支の「12」の最小公倍数が60であり、60年ではじめて同時に１周するから。

昔は還暦といえばご長寿祝いでしたが、いまは人生の節目の意味合いが強いです。楽しく健康に「２周目」を過ごせるようにしましょう！

身近にある数学

Q インターネットのセキュリティで素数が使われているって、ホント？

メールやSNSの情報を守るのに「暗号化」という技術が使われているんだって。暗号化と素数には、どんな関係があるんだろう？

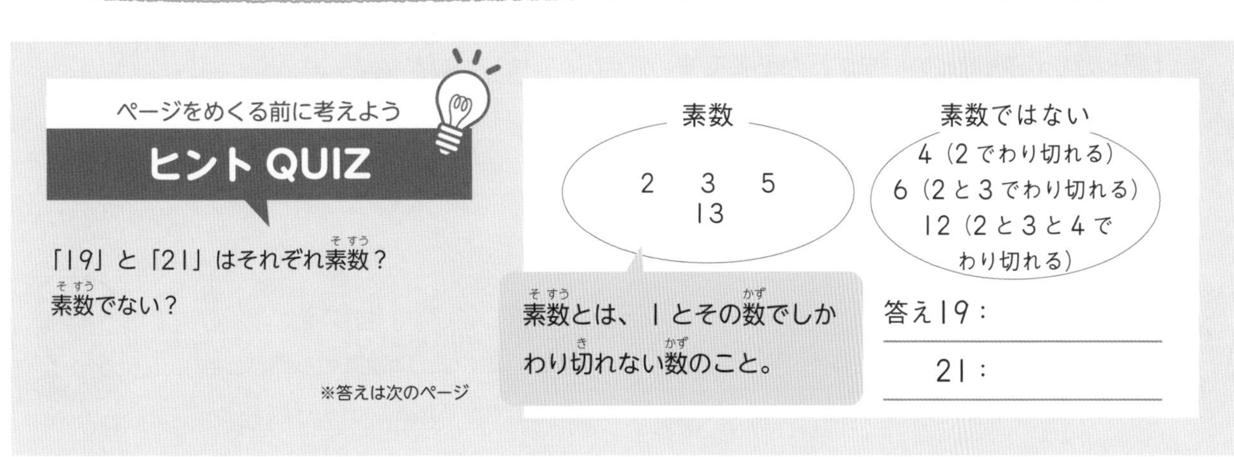

A ホント！ 私たちの情報は「公式がない数学」で守られている！

公式がない数学！？
なんか意味深……。

大きな桁の自然数を素数×素数の形に表すんだ。この作業はコンピューターでも膨大な時間がかかるんだよ！

教科書を見てみよう！

『素因数分解』

おもに中学１年数学を参考に作成

素因数分解…右のように自然数を素数だけの積として表すこと。

35 → 5 × 7　35=5×7

143 → 11×13　143=11×13

42 → 2 × 21 → 3 × 7　42=2×3×7

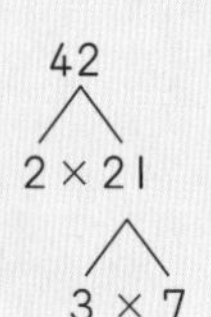

自然数を地道に素数でわって、わり切れるか確かめるんだね！

つまり、こういうこと

・素数×素数のかけ算で文書に暗号をかけます。第三者には、かけ算の結果が公開されています。このときに使う鍵を**公開鍵**といいます。

・暗号を元の文書に戻す（**復号**といいます）ためには別の鍵（**秘密鍵**といいます）が必要です。この鍵を得るためには、**自然数＝素数×素数**と、逆の計算をしなければいけません。地道に計算するので、素数の桁が大きいほど大変です。

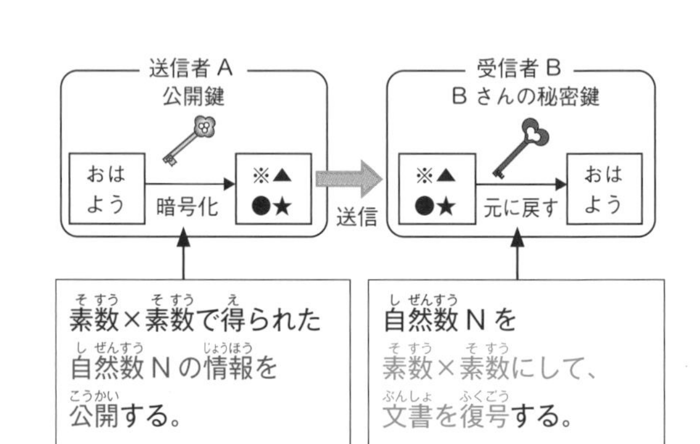

簡単な例で考えよう。２つの素数19と23のかけ算は筆算でやればいいから簡単！

反対に、437＝19×23 と逆の計算をするには、地道にわり切れる数を探していくしかないんだね！

ヒントQUIZの答え：「19」は素数、「21」は素数でない（３と７でわり切れる）

※答え は次のページ

書いて身につく! おさらいワーク

1

下の表で、「エラトステネスのふるい」の手順を使って素数を見つけましょう。

1	2	3	4	5	6	7	8	9	10
11	12	13	14	15	16	17	18	19	20
21	22	23	24	25	26	27	28	29	30
31	32	33	34	35	36	37	38	39	40

【エラトステネスのふるいの手順】

㋐ 1を消す。

㋑ 最も小さい素数を残したまま、その素数の倍数をすべて消す。

㋒ 残っている中で最も小さい素数を残したまま、その素数の倍数をすべて消す。

㋓ ㋒を最後まで繰り返す。

2

右のような、A=B×Cと素因数分解できるときにAを入力すると、素因数分解した数字BとCが2つ表示される機械があります。ただしB<Cとします。

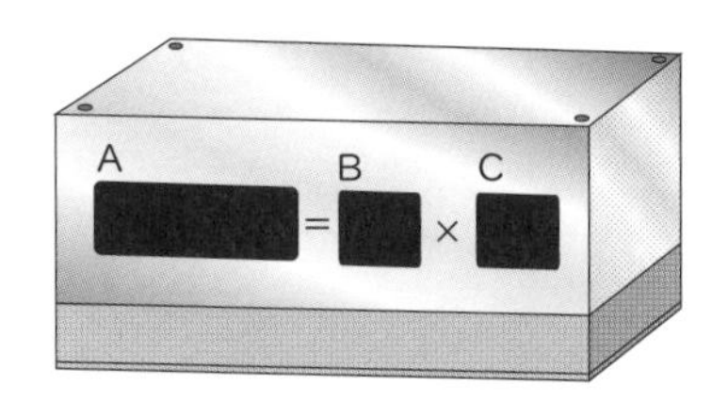

① A=26のときのBとCの値を求めましょう。

② A=91を入力しました。この機械がどのような方法でBとCの値を求めているのかを考えます。□にあてはまる文や数字を入れましょう。ただし、❶~❹は「わり切れる」または「わり切れない」を入れましょう。

91÷2→ ❶

91÷3→ ❷

91÷5→ ❸

91÷7→ ❹

このことからB= ❺ 、C= ❻

おさらいワークの解答・解説

1 ○がついている数が素数です。

~~1~~	②	③	~~4~~	⑤	~~6~~	⑦	~~8~~	~~9~~	~~10~~
⑪	~~12~~	⑬	~~14~~	~~15~~	~~16~~	⑰	~~18~~	⑲	~~20~~
~~21~~	~~22~~	㉓	~~24~~	~~25~~	~~26~~	~~27~~	~~28~~	㉙	~~30~~
㉛	~~32~~	~~33~~	~~34~~	~~35~~	~~36~~	㊲	~~38~~	~~39~~	~~40~~

2 ①B＝２、C＝13

②❶わり切れない　❷わり切れない

❸わり切れない　❹わり切れる

❺7　❻13

解説

1 「エラトステネスのふるい」は確実に素数を見つけるための方法です。２の倍数→３の倍数→５の倍数と順番にしらみつぶしに調べます。

2 ①A＝26を素数の２でわった結果は13なので、B＝2、C＝13です。

②小さい方から素数２、３、５、…で順に91をわって、わり切れるか考えます。91÷7＝13でわり切れるのでB＝7、C＝13です。

１は素数でないので注意しよう！

２の倍数は
２、４、６、８、…
３の倍数は
３、６、９、12、…

注意⚠

〈素数を使った暗号はホントに安全？〉
自然数Nをつくる２つの素数の桁数が増えるほど、暗号を人の手で破ることは非常に難しくなります。自然数Nが何百桁にも及ぶとトップクラスのスーパーコンピューター（スパコン）を使っても、ハッカーなどの第三者が解読するのに１億年以上かかると言われています。

Q インターネットのセキュリティで素数が使われているって、ホント？

A ホント！　私たちの情報は、公式がない「素因数分解」によって守られている。

素数×素数のかけ算をするのは簡単だけれど、大きな数を素因数分解するのはコンピューターでもとても時間がかかります。素因数分解が簡単にできないことが、私たちの情報社会の生命線です！

身近にある数学

Q パソコンの画面で表現できる色は何色？

実際は絵の具でペタペタ塗るわけじゃないよね……
そもそもどうやって色をつけているんだろう？

ページをめくる前に考えよう

ヒント QUIZ

スイッチを ON にすると■と色がつき、
スイッチを OFF にすると□となります。
スイッチの ON ／ OFF を切り替えて表された右の図は何を表している？

※答えは次のページ

パソコンの画面はこの□が並んだものといえる。

A　コップ

B　パンダ

C　ハート

A パソコンの画面で表現できる色は、約1678万色!

画面に近づいてみると、赤と青と緑の点が見えたよ!

全ての色は光の三原色(赤、青、緑)のスイッチのONとOFFを組み合わせてつくり出しているんだ!

教科書を見てみよう!

『テレビの放送を支える数学』

おもに中学2年数学(コラムページ)を参考に作成

〈デジタル化〉

デジタル化とは、映像などの情報を「0」と「1」の数の並びに変換することである。0または1で表される情報の単位をビットという。

テレビなどの映像は、デジタル化されている。0と1が並ぶ信号として電波に含まれる信号をテレビが映像へと戻す。

つまり、こういうこと

パソコンの画面の着色も、デジタル化の考え方を用います。

かつては、R(レッド)・G(グリーン)・B(ブルー)の3つの色について、「0」(OFF)または「1」(ON)で切り替えられる1つのスイッチがあり、光るか消えるか2通りの組み合わせで色を表していました。このとき表現できるのは、$2^3=2\times2\times2=8$(色)です。このように表現された色のことを8ビットカラーといいます。

R	G	B	
ON	OFF	OFF	⇒赤
OFF	ON	OFF	⇒緑
OFF	OFF	ON	⇒青
OFF	OFF	OFF	⇒黒

R	G	B	
ON	ON	OFF	⇒黄
ON	OFF	ON	⇒マゼンタ
OFF	ON	ON	⇒シアン
ON	ON	ON	⇒白

〈光の三原色〉

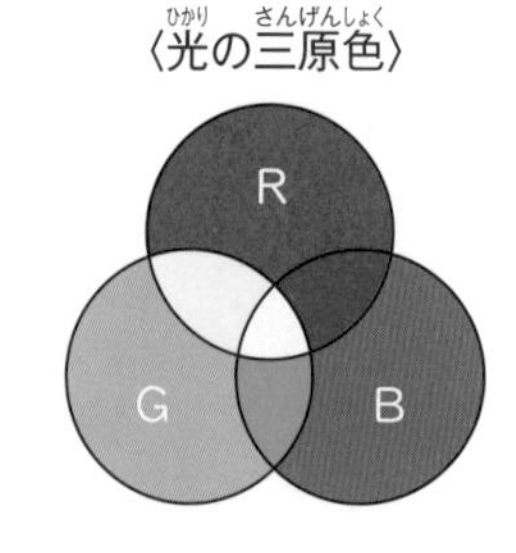

現在は、R・G・Bのそれぞれの色を8個のスイッチで表すことができるようになりました。それぞれの色で

$2^8=2\times2\times2\times2\times2\times2\times2\times2=256$(段階)

の色を重ね合わせて作るので、3つの色を組み合わせて表現できる色は、$256\times256\times256=$約1678(万色)になります。

2^8(2の8乗)は、「2を8回かける」という意味だね。

ヒントQUIZの答え:C

※答えは次のページ

書いて身につく! おさらいワーク

1

スイッチを切り替えて、パソコンのディスプレイに絵を描くことを考えます。スイッチのONを「1」、OFFを「0」と表します（これをビットコードといいます）。□1つ分に0または1をあてはめていきます。ONの時には■、OFFの時には□になるように、鉛筆で塗りつぶしてみましょう。（例：1011010は■□■■□■□となります。）

0 0 0 0 1 1 0 0 0 0 →
0 0 0 1 1 1 1 0 0 0 →
0 0 0 1 1 1 1 0 0 0 →
0 0 0 0 1 1 0 0 0 0 →
0 0 1 1 1 1 1 1 0 0 →
0 1 0 1 1 1 1 0 1 0 →
0 0 0 1 1 1 1 0 0 0 →
0 0 0 1 0 0 1 0 0 0 →
0 0 0 1 0 0 1 0 0 0 →
0 0 1 1 0 0 1 1 0 0 →

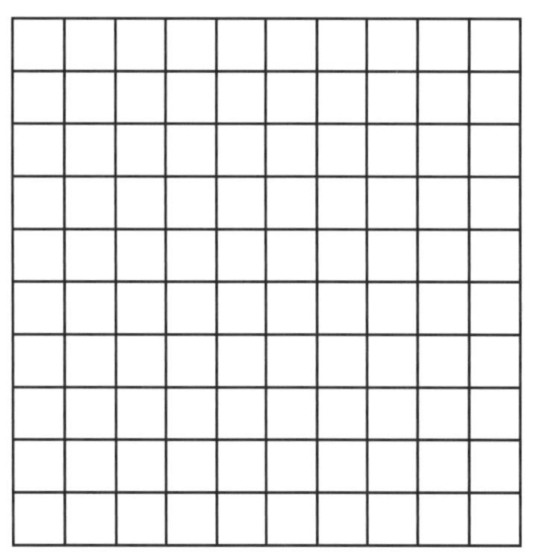

左のビットコードに対応させて右の□を塗りつぶすんだね！

2

R・G・Bの色をそれぞれ4つのスイッチで組み合わせて色を作ります。表現できると考えられる色とスイッチの組み合わせを、線で結んでみましょう。

黃　　白

R	OFF	OFF	OFF	OFF
G	ON	ON	ON	ON
B	ON	ON	ON	ON

R	ON	ON	ON	ON
G	ON	ON	ON	ON
B	ON	ON	ON	ON

R	ON	ON	ON	ON
G	ON	ON	ON	ON
B	OFF	OFF	OFF	OFF

おさらいワークの解答・解説

1

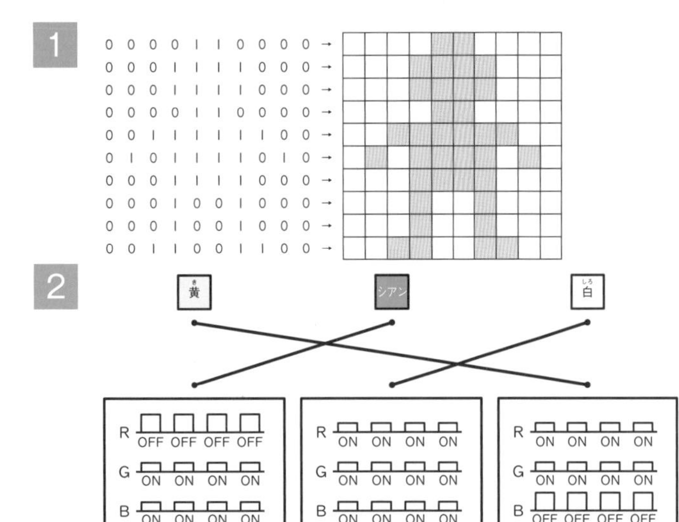

メモ

〈RGB値〉

RGB値とは、色を指定するための値です。赤（R）、緑（G）、青（B）の各色を０～255の256通りの値で指定して、その値の組み合わせによって色が決まります。例えば、RGBを０：０：０と指定すると「黒」を示し、255：255：255と指定すると「白」を意味します。

画像を点の集まりであると考えるといいね。

解説

1 ０のマスを□、１のマスを■で塗ります。

2 R・G・Bの強さをスイッチで切り替えます。

R OFF OFF OFF OFF
G ON ON ON ON
B ON ON ON ON

緑（G）と青（B）がすべてON、赤（R）はすべてOFF。
→「シアン」を表現している。

R ON ON ON ON
G ON ON ON ON
B ON ON ON ON

赤（R）と青（B）と緑（G）がすべてON。
→「白」を表現している。

R ON ON ON ON
G ON ON ON ON
B OFF OFF OFF OFF

赤（R）と緑（G）がすべてON、青（B）はすべてOFF。
→「黄」を表現している。

Q パソコンの画面で表現できる色は何色？

A パソコンの画面で表現できる色は、R・G・Bそれぞれ８個のスイッチで色を作るので、$2^8 \times 2^8 \times 2^8$＝約1678万色。

人間が識別できる色の限界は数百万色から1000万色程度と言われています。
1678万色あれば、ほぼ十分な色数と言ってもよいでしょう。

身近にある数学

Q がんばって働いているのにサラリーマンの平均年収と差がある……。どうして?

そもそも平均年収が高すぎると思うんだけど……。
ウソのデータなんじゃないの？

ページをめくる前に考えよう

ヒント QUIZ

定期テストの５教科の点数が右の表のとき、平均点は何点？

※答えは次のページ

英語	数学	国語	理科	社会
45	100	74	64	42

「平均値＝データの合計÷データの個数」で求めるよ。

答え

A 平均値はデータの１つの「顔」でしかないから。

データには色んな顔があるってこと？

そうだよ！ データの特徴をつかむために色々な「側面」から考える必要があるんだ。

教科書を見てみよう！

『データの分布の特徴の表し方』

おもに中学１年数学を参考に作成

〈代表値（データの特徴を表す値）〉

平均値…個々のデータの合計をデータの総数でわった値。

中央値…データを大きさの順に並べたときの中央の値。

最頻値…データの中で最も多く出てくる値。

つまり、こういうこと

●シンプルな例として、データの個数（今回の場合は、人数）を小さくして考えてみましょう。

右のグラフは、ある37人の100万円単位の年収額をヒストグラム（柱状グラフ）に表したものです。

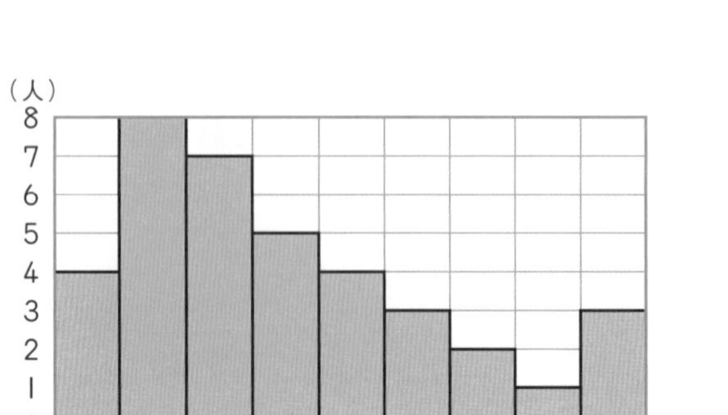

この37人の平均年収はいくらかを考えます。400万円～500万円にデータが集中しているので、平均もそれくらいと思うのではないでしょうか。

しかし、実際に平均値を計算すると、

（データの合計）÷（データの個数）で求められるので、

平均値＝(300×4＋400×8＋500×7＋600×5＋700×4＋800×3＋900×2＋1000×1＋1100×3)
÷37＝22200÷37＝600（万円）となります。

平均が500万円よりも大きいのは、900万円以上の年収が高い人が６人もおり、平均年収を上げていることが原因です。

最頻値は、データが最も多い値なので、400万円です。中央値は37人の真ん中が19番目なので、小さい方から数えて19人目の500万円です。

データを見るときには、中央値や最頻値など、いろいろな「側面」を見ることが必要です。

ヒントQUIZの答え：65点（45＋100＋74＋64＋42）÷5＝65

※答えは次のページ

書いて身につく！ おさらいワーク

1

それぞれの代表値の説明として正しいものを、線で結んでみましょう。

平均値 ・	・ 全データの中で最も大きい値
中央値 ・	・ 全データの中で最も多い値
最頻値 ・	・ データを小さい順に並べたときに、ちょうど真ん中にあたる値
最小値 ・	・ 全データの中の最も小さい値
最大値 ・	・ データの合計値をデータの総数でわった値

代表値の意味を確認しよう！

2

下のグラフは、ある35人の100万円単位の貯金額をヒストグラム（柱状グラフ）に表したものです。平均値と中央値と最頻値を求めます。□にあてはまる数を書きましょう。

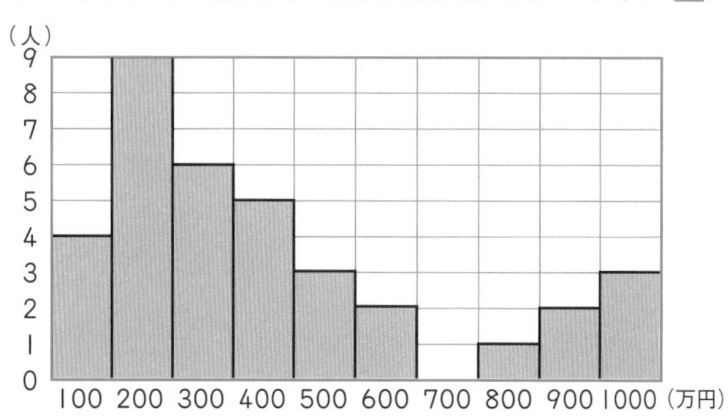

100万円×その人数
200万円×その人数
⋮
と求めた順にたしたものが合計だね。

・平均値は合計÷人数で求められます。

平均値＝(100×4＋200×❶□＋300×❷□＋400×5＋500×3＋600×❸□＋700×0＋800×❹□＋900×2＋1000×❺□)÷❻□

＝14300÷❻□＝408.57…（万円）です。

・35人の真ん中は、❼□番目だから、ヒストグラムより、

中央値＝❽□万円です。

・ヒストグラムより、最頻値＝❾□万円です。

平均値と、中央値や最頻値を比べてみよう！

おさらいワークの解答・解説

1

- 平均値 ― データの合計値をデータの総数でわった値
- 中央値 ― データを小さい順に並べたときに、ちょうど真ん中にあたる値
- 最頻値 ― 全データの中で最も多い値
- 最小値 ― 全データの中で最も小さい値
- 最大値 ― 全データの中で最も大きい値

2 ❶9　❷6　❸2　❹1　❺3

❻35　❼18　❽300　❾200

解説

2
- 平均値：約408（万円）
- 中央値：35人の真ん中は18番目なので小さい方から18人目が含まれる300万円です。
- 最頻値：一番人数の多いデータは200万円となります。

このように、平均値は約408万円ですが、データが一番多くある値（最頻値）は200万円、中央値は300万円です。

例えば、ある人の貯金額が250万円だったときは、平均値と比べると「少ない」、最頻値と比べると「多い」と結果が変わります。

メモ

〈代表値の使い分け〉

データの比較を行う際に、平均値を代表値として用いることが多いでしょう。しかし、一般に代表値は、データの中に極端な外れ値があったり、データに大きなばらつきがあったりする場合には中央値や最頻値を用いた方が、正しいデータ比較ができるとされています。

Q がんばって働いているのにサラリーマンの平均年収と差がある……。どうして？

A 平均値は代表値と呼ばれるものの1つで、データの1つの顔（側面）でしかないから。

人の性格がパッと見ただけでわからないのと同じように、データもいろいろな切り口で見る必要があります。データを平均だけで語っている資料を見たら要注意！　ダマされないようにしましょう！

Q 「13日の金曜日」は毎年必ず現れる……。なんで？

欧米では忌み嫌われる「13日の金曜日」。
もしかして、そんなに珍しくない……？

ページをめくる前に考えよう

ヒント QUIZ

1月1日が月曜日だと、1月13日は何曜日？

※答えは次のページ

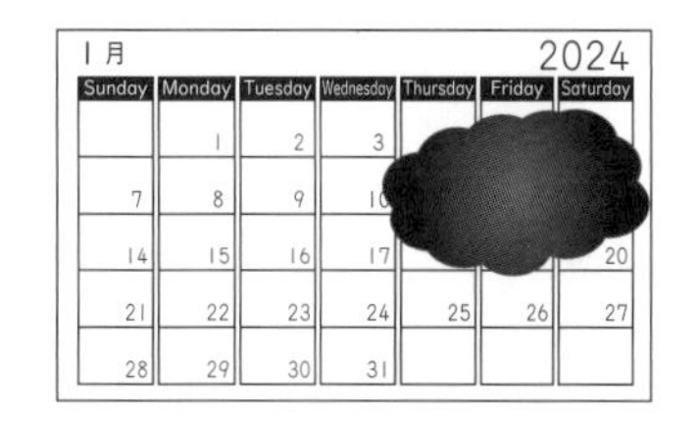

答え

A　1月から12月の13日が、いい感じに散らばっているから。

教科書を見てみよう！

数学

『あまりのあるわり算』

おもに小学3年算数を参考に作成

日	月	火	水	木	金	土
1	2	3	4	5	6	7
8	9	10	11	12	13	14

7でわり切れる。（あまり0）

〈あまりのあるわり算〉
カレンダーの日付を7でわったときのあまりによって、どの日付が何曜日になるかを調べることができる。
右上のカレンダーでは、土曜日が7でわり切れる日付になる。

つまり、こういうこと

● 1月1日から各月の13日までが何日目かを求めます。

その日数を7でわったあまりを調べると、右の表のようになります。

もし、1月1日が日曜日だとすると、「あまり1のときに日曜日」、「あまり2のときに月曜日」と、あまりが0～6のそれぞれに土曜日～金曜日が割りふられます。

1月から12月までの13日に「7でわったあまり」が、0～6まで全パターン網羅されているので、1月1日が何曜日であったとしても、必ず「13日の金曜日」は現れます。

	1月1日から何日目？	7でわったあまり
1月13日	13	6
2月13日	13＋31＝44	2
3月13日	44＋28＝72	2
4月13日	72＋31＝103	5
5月13日	103＋30＝133	0
6月13日	133＋31＝164	3
7月13日	164＋30＝194	5
8月13日	194＋31＝225	1
9月13日	225＋31＝256	4
10月13日	256＋30＝286	6
11月13日	286＋31＝317	2
12月13日	317＋30＝347	4

「2月13日は1月13日から、31日間経過しているから、1月1日の13＋31（日目）」のように考えるんだね！

うるう年以外は、2月は28日間、4・6・9・11月は30日間だよ！

ヒントQUIZの答え：土曜日（13÷7＝1あまり6。あまりが6のときは土曜日）

※答えは次のページ

書いて身につく！ おさらいワーク

1

ある年の元日（１月１日）が月曜日でした。
このとき、元日から数えて100日目の曜日は何曜日でしょう。

１日、８日、15日、…と、７でわったあまりが１のときは、月曜日だね♪

2

ある年の３月１日が水曜日です。
この年の８月11日の山の日は何曜日か考えます。以下の【手順】にそって、□の❶～❼にあてはまる数を書きましょう。

【手順】

まずは、各月の日数を求めます。

３月→31日、４月→［❶］日、
５月→［❷］日、６月→30日、
７月→［❸］日、８月11日まで→11日

となります。

３月１日から８月11日までの日数は、

31＋［❶］＋［❷］＋30＋［❸］＋11＝［❹］

よって、［❹］÷７＝［❺］あまり［❻］

あまりの数から、［❼］曜日です。

28日または30日までしかないのは、２月、４月、６月、９月、11月だったね！

７でわったあまりが１のとき、水曜日、あまりが２のとき、木曜日、……

3

「BIRTHDAY」という文字が、「BIRTHDAYBIRTHDAY…」のように繰り返し並んでいます。はじめの「B」から数えて77番目の文字は何でしょう。

文字を77個書かずに求められるかな？

おさらいワークの解答・解説

1 火曜日

2 ❶30 ❷31 ❸31 ❹164
❺23 ❻3 ❼金

3 H

解説

1 100÷7＝14あまり2
つまり、100日目は14週と2日目とわかるので、火曜日です。

2 3月1日から8月11日まで164日です。
164÷7＝23あまり3
つまり、23週分水曜日があって、そこから、3日目なので、金曜日となります。

3 「BIRTHDAY」は8文字なので、8文字のかたまりの繰り返しです。
77÷8＝9あまり5
あまりが1のときは「B」、あまりが2のときは「I」、…と順に考えていくと、あまりが5のときは「H」となります。

メモ

うるう年（2月が29日の年）のときも13日の金曜日は現れるのでしょうか？
うるう年は2月29日まであるため、p.72の表の3月13日以降の日数が1日ずつずれます。このとき、7でわったあまりも1つずつずれます。つまり、「7でわったあまり」は1月から順に6、2、3、6、1、4、6、2、5、0、3、5となり、0〜6まですべて出現しています。このことから、うるう年でも13日の金曜日は必ず現れることがわかります。

「平年」は365日。およそ4年に1回の「うるう年」は366日で、2月29日まであるよ。

Q 「13日の金曜日」は毎年必ず現れる……。なんで？

A 元日から12月の13日までの日数を7でわったあまりが、いい感じに散らばっているから。

周期を見つけてわり算とあまりを使うことは、とても大切な数学的スキルです。
13日の金曜日が近づいてきても、実は毎年あるとわかってしまえば、あまり怖くないでしょう。

身近にある数学

Q マグニチュードの数字が大きくなると、どのくらい大きな地震になるの？

マグニチュードは１増えると、めちゃくちゃ大きな地震になるイメージがあるなぁ……。

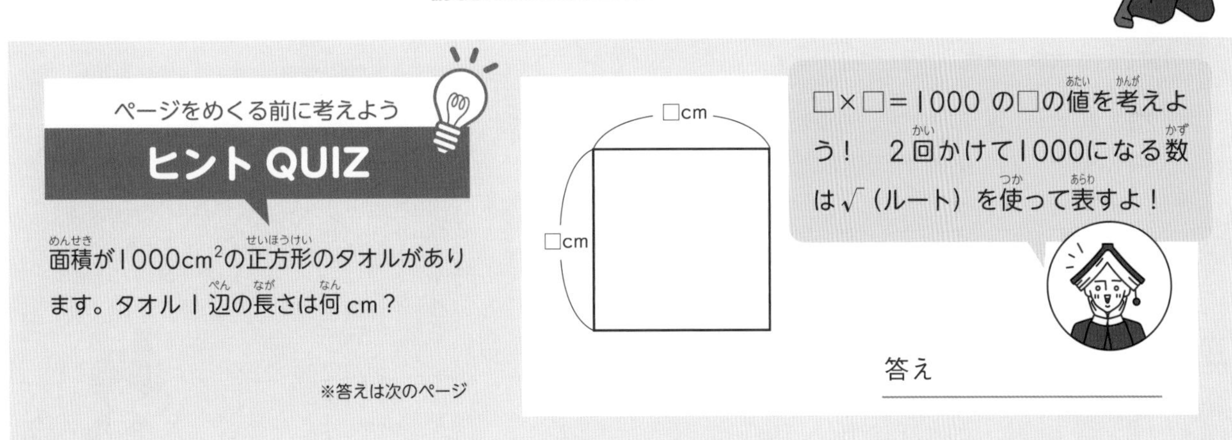

ページをめくる前に考えよう

ヒント QUIZ

面積が1000cm²の正方形のタオルがあります。タオル１辺の長さは何 cm？

□×□＝1000 の□の値を考えよう！　2回かけて1000になる数は√（ルート）を使って表すよ！

答え

※答えは次のページ

A マグニチュードが１大きくなると、地震のエネルギーは$\sqrt{1000}$倍になる。

ルート！　懐かしい！
こんな場面でも使うんだ！

$\sqrt{1000}$の値を整数や小数で表すと、
およそ何倍になるか見えてくるよ！

教科書を見てみよう！

『平方根』

おもに中学３年数学を参考に作成

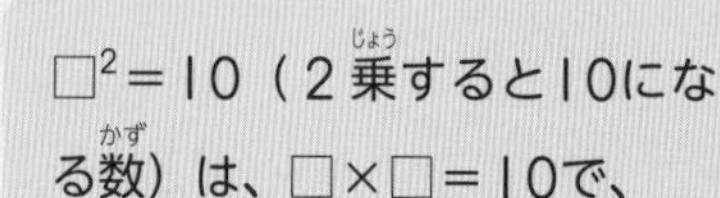

aを正の数とする。２乗するとaになる数を、aの平方根という。
aの平方根のうち、正のほうを$\sqrt{a}$（ルートa）、負のほうを$-\sqrt{a}$のように表す。

つまり、こういうこと

●マグニチュードの数値が２大きくなると、地震のもつエネルギーの大きさは1000倍になります。

右の図より、マグニチュードが１大きくなるごとに□倍になるとして、$\square\times\square=1000$より、$\square=\sqrt{1000}$（$10\sqrt{10}$）と求められます。

$\sqrt{1000}$はどのくらいの数でしょうか？　同じ数どうしのかけ算をして求めてみましょう。

$20\times20=400$　← 1000から離れている。
$30\times30=900$　← やや1000に近い値。
$31\times31=961$
$32\times32=1024$　← 31と32の間に$\sqrt{1000}$がある。

上の結果から、マグニチュードが１大きくなると地震が持つエネルギーは31～32倍程度になります。（実際の値は$\sqrt{1000}=31.62\cdots$です。）

マグニチュード（M）と地震のエネルギー

M5.0 → M6.0 → M7.0
□倍　□倍
□×□（倍）

ということは、マグニチュード9.0の地震は、マグニチュード5.0の地震の、
$\square\times\square\times\square\times\square=1000^2$
$=1000000$（倍）
になるんだね……。

ヒントQUIZの答え：$\sqrt{1000}$cm（$10\sqrt{10}$cmなども正解です。）

※答えは次のページ

書いて身につく! おさらいワーク

1

□×□＝2000になる数字を、【手順】にそって考えています。□にあてはまる数を求めましょう。

【手順】

√（ルート）を使うと、□＝❶［　　］と表すことができます。□の数は、

10×10＝100

30×30＝900

40×40＝❷［　　］

50×50＝❸［　　］

のように考えていくと、これは40～50の間の数とわかります。

41×41、42×42…と計算をして2000に近くなる数字を計算しよう！

2

星の明るさは「等級」と呼ばれる単位で表され、「1等星」から「6等星」で表します。数字が小さくなるほど明るくなります。

下の図のように1等星は6等星の100倍の明るさです。下の【ヒント】を見て、□に入るいちばん近い数字を、小数第一位までの値で答えましょう。四捨五入はしないものとします。

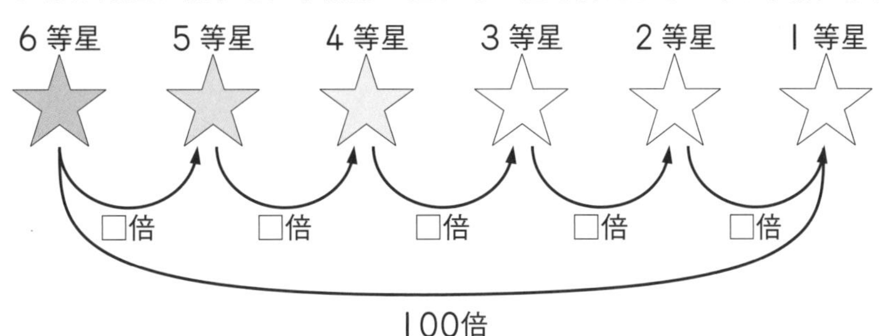

【ヒント】

1等級下がるごとに明るさが□倍になると考えると、

□×□×□×□×□＝100となります。

□＝2とすると、2×2×2×2×2＝32

□＝3とすると、3×3×3×3×3＝243

つまり、5回かけて100に最も近くなる数は2と3の間の数です。

5回かけると100になる値を探せばいいんだね。電卓で計算しよう！

防災対策について解説！

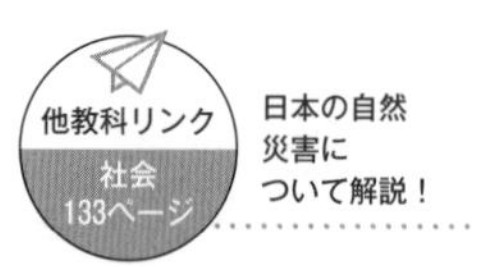

日本の自然災害について解説！

おさらいワークの解答・解説

1 ❶$\sqrt{2000}$（$20\sqrt{5}$） ❷1600 ❸2500

2 （およそ）2.5

解説

1 □×□＝2000 のときのように、□が整数にならないときは、$\sqrt{2000}$ と表します。
ルートで表される数が $\sqrt{■^2\times△}$ の形をしているとき、$\sqrt{■^2\times△}=■\sqrt{△}$ と表すことができます。
$\sqrt{2000}=\sqrt{20^2\times5}$ となることから、
$\sqrt{2000}=20\sqrt{5}$ と表しても構いません。
$\sqrt{2000}$ は $\sqrt{1600}$（＝40）と $\sqrt{2500}$（＝50）の間にあり、$\sqrt{2000}$＝44.72…です。

2 $□^5$＝100になる□を求めます。
□は2と3の間なので、2.1^5＝40.84…
2.2^5＝51.53…、2.3^5＝64.36…、
2.4^5＝79.62…、2.5^5＝97.65…、
2.6^5＝118.81…となり、□＝2.5 とわかります。

注意⚠

〈震度とマグニチュード〉
地震の強さを表す尺度として、「震度」と「マグニチュード」があります。マグニチュードは、地震そのものの大きさ（エネルギー）を表す指標です。1つの地震に対して1つの数字が対応しています。それに対して、震度は、場所ごとの地震のゆれの大きさを表す指標です。

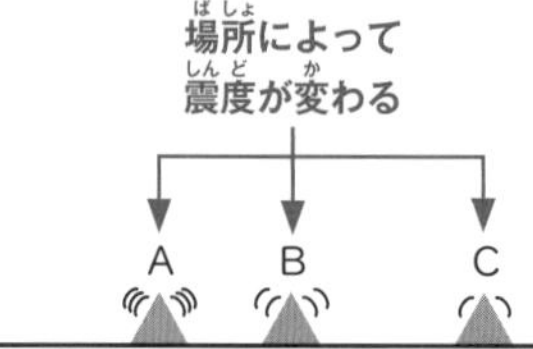

□が整数にならないときは、√ を使えば便利だね。

Q マグニチュードの数字が大きくなると、どのくらい大きな地震になるの？

A マグニチュードが1増えると、エネルギーは$\sqrt{1000}$倍（およそ31.6倍）になる。

マグニチュードの大きな地震に備えて、落ち着いて行動できるように、常日頃から避難経路の確認やガス・水道・電気の寸断への備えをしておきましょう！

Q パラボラアンテナはどうしておわん型なの？

パラボラアンテナは、BS放送やCS放送を受信するときのアレのことだね！

ページをめくる前に考えよう

ヒント QUIZ

パラボラアンテナの断面の形はどちら？

A　V字のような形

B　U字のような形

※答えは次のページ

A 放物線で１か所に集めることができるから。

放物線？
「物を放ったときに描く線」
と書くね。

パラボラアンテナのような、断面が左右対称な曲線を放物線というんだよ！

教科書を見てみよう！

『2次関数』

おもに中学3年数学を参考に作成

〈$y=ax^2$のグラフ（aはきまった数）〉
- 原点を通り、y軸について対称な曲線。
- $a>0$のときに上に開いて、$a<0$のときに下に開く。
- aの絶対値が大きくなるほどグラフの開き方は小さい。
- aの絶対値が等しく符号が異なる2つのグラフは、x軸について対称である。

このような曲線を放物線という。

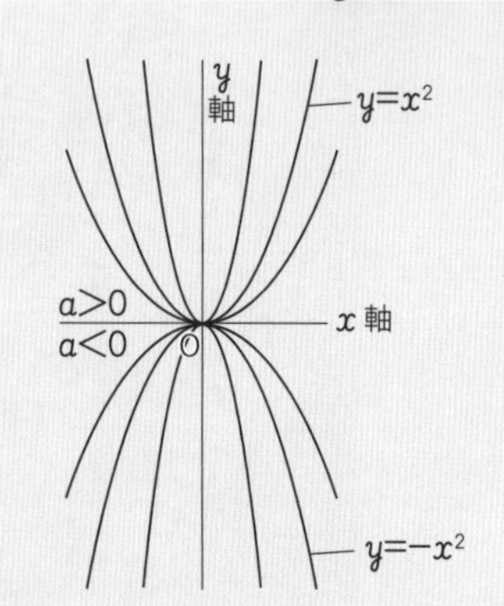

つまり、こういうこと

●パラボラアンテナには、放物線が使われています。
放物線には、面のどこに当たっても光や電波が１か所に集まるという性質があります。

衛星からやってきた電波を、放物線の形をしたパラボラアンテナの面で反射させて１点（焦点）に集めることができます。焦点に受信機を置くことで、衛星を使った放送（BS放送やCS放送）を見ることができます。

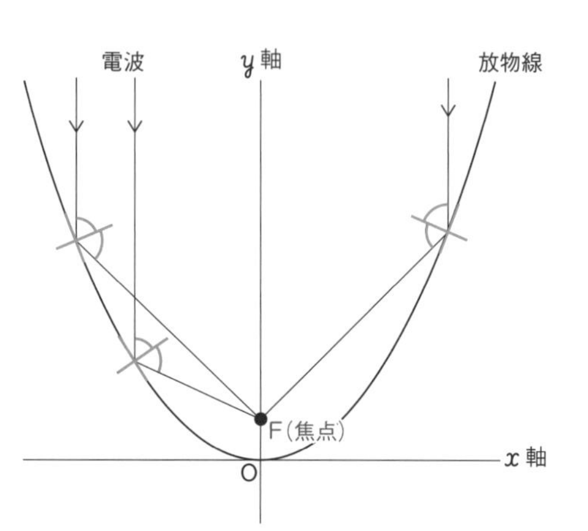

パラボラアンテナのパラボラ（*parabola*）は「放物線」という意味だよ。

おわんの形は放物線の断面にするためだったんだね。

ヒントQUIZの答え：B

※答えは次のページ

書いて身につく！ おさらいワーク

1

光や電波には、右の図のような反射の法則が成り立ちます。パラボラアンテナの受信機は、電波が1か所に集まる焦点にあります。これらのことを利用して、以下の【手順】によって、パラボラアンテナの受信機の位置を作図しましょう。

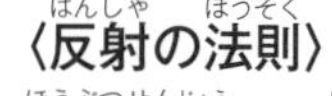

〈反射の法則〉

放物線上での反射は、入射する角と反射する角が等しくなります。（反射の法則といいます）

反射の法則：入射角＝反射角

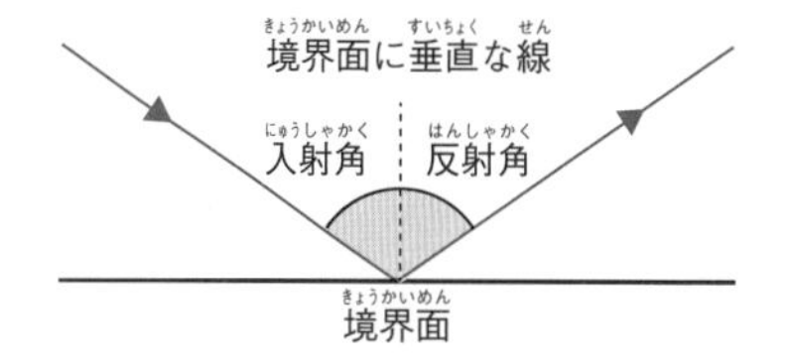

【手順】

① 中心軸の左側にある電波と、パラボラアンテナの交点アの位置で、放物線に接している線を引く。

② ①の接している線に垂直な線を、点アを通るように引く。

③ 角 a＝角 b となるように（入射角と反射角が等しくなるように）直線を引く。

④ 中心軸の右側にある電波についても、点イで①～③を繰り返す。

⑤ ③と④の交わる点を受信機の位置とする。

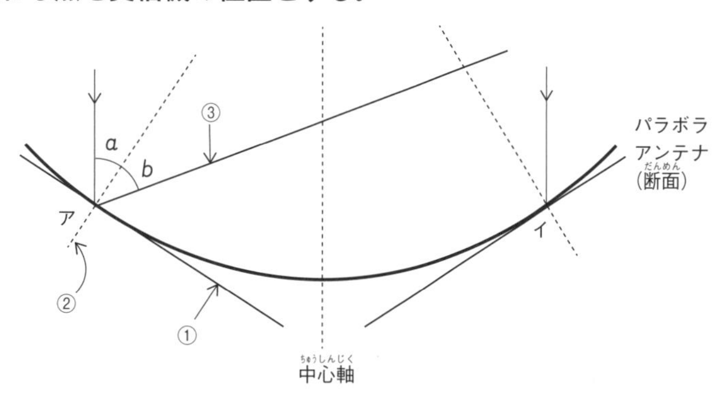

2

右の図は、投げたボールをそれぞれ最高点の位置まで描いたものです。ボールが一番遠くまで飛んだのは、曲線ア～ウのうちどれになりますか。

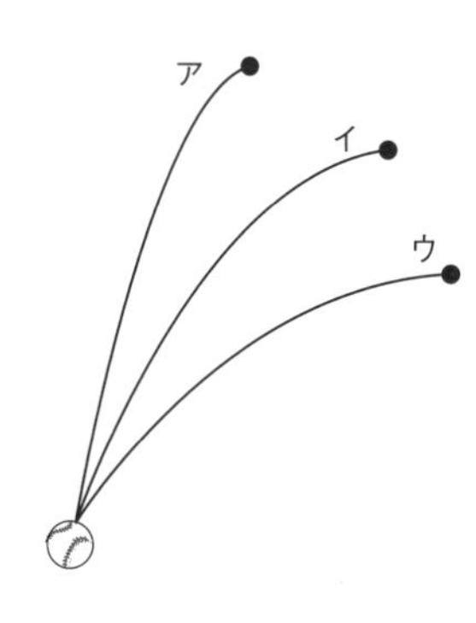

おさらいワークの解答・解説

1 下の焦点の位置に、受信機を置きます。

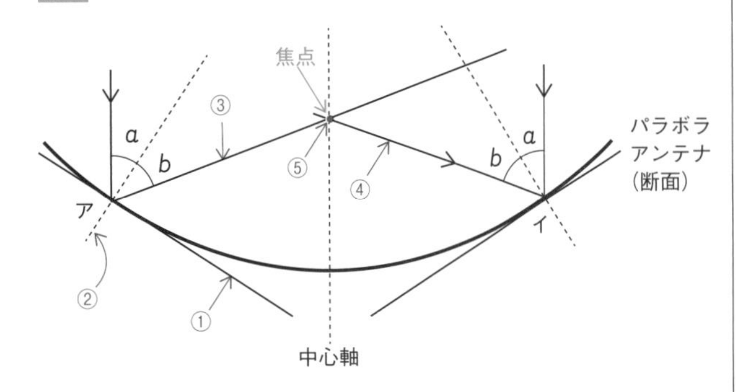

2 ウ

解説

1 解答の図のように、入射角と反射角が等しくなるように引いた２つの直線の交点が、焦点（１か所に集まる点）となります。そのため、ここに受信機を置けばよいことがわかります。
放物線は左右対称な曲線なので、どのような放物線でも、焦点が中心軸上にあります。

メモ

〈放物線のさまざまな用途〉

・ソーラークッカー

太陽光を１点に集めることで、熱を発生させて調理を行う器具です。パラボラアンテナと同じ、おわんの形をしています。

2 ボールを投げた時に描く軌道は放物線です。最高点までに進んだ水平距離が大きいほど、ボールをいちばん遠くまで飛ばすことができます。

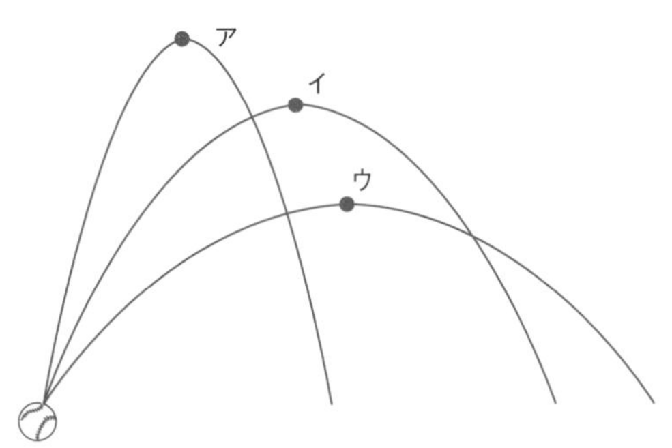

Q パラボラアンテナはどうしておわん型なの？

A 光や電波を放物線上で反射させて、１か所に集めることができるから。

y が x の２乗に比例する関数 $y=ax^2$ は、現代社会を陰ながら支えています。何となくおわんの形をしているのではなく、電波を１か所に集めるための合理的な形です。覚えておきましょう！

身近にある数学

Q ハチの巣はなぜ六角形なの？

ハチの巣を真上から見ると、きれいな六角形がびっしり並んでいるね。
三角形や四角形ではなく、どうしていつも六角形なんだろう？

ページをめくる前に考えよう

ヒント QUIZ

ハチの巣のような六角形を敷き詰めた構造のことを何という？

A　ハチノス構造

B　ビーハウス構造

C　ハニカム構造

※答えは次のページ

A 正六角形で理想的なマイホームをつくることができるから。

へえ～、正六角形だと丈夫な家になるの？

そうだよ！ しかも材料を無駄なく、すき間なく使えるメリットもあるんだ！

教科書を見てみよう！

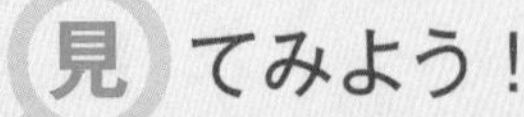

『正多角形と円』

おもに小学5年算数を参考に作成

多角形のうち、辺の長さがすべて等しく、角の大きさもすべて等しいものを正多角形という。

〈正多角形について〉

正三角形

正方形
（正四角形）

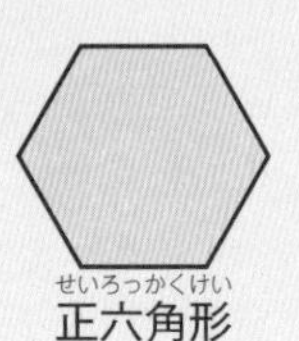

正六角形

つまり、こういうこと

●ハチの巣で正六角形が用いられている理由として考えられるのは、以下の①～③の性質です。

①すき間なく敷き詰められる…下の図のように、すき間なく敷き詰められる正多角形は、正三角形、正四角形、正六角形の3種類だけです。

きれいに敷き詰められる正多角形がそもそも限られているんだよ。

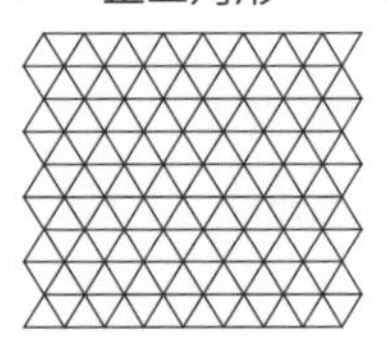

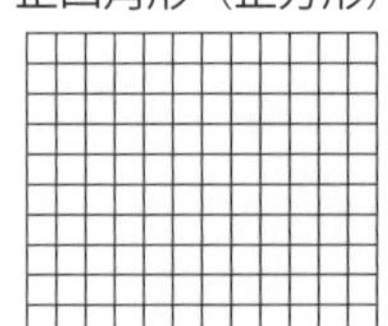

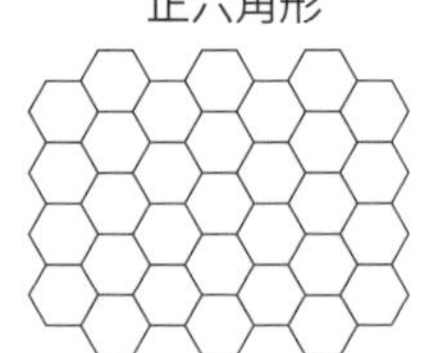

②大きい…周りの長さを同じにしたときの図形の面積が大きいです。

 ＜ 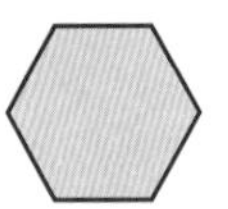 ＜ 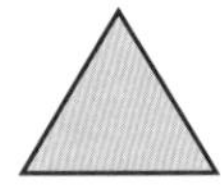

同じ材料を使ったとき、正六角形がいちばん大きくなるんだね。

③丈夫…外から加わる力を分散させることができる形です。

しかも壊れにくい！

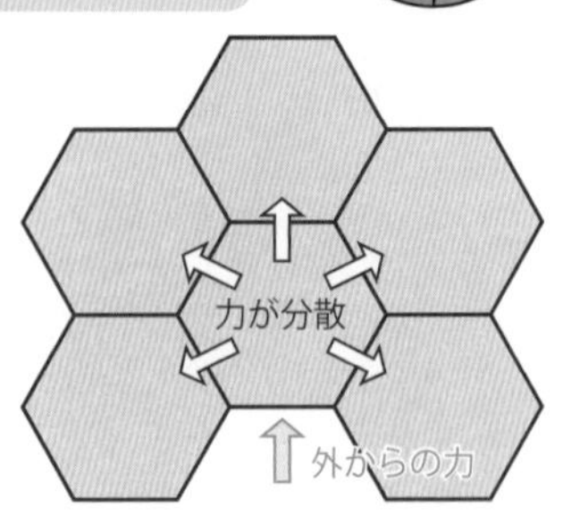

ヒントQUIZの答え：C

※答え は次のページ

書いて身につく! おさらいワーク

1

前のページの正六角形の性質①と性質②について考えます。あとの問題に答えましょう。

① 次の文を読んで、□にあてはまる数を書きましょう。

正六角形は、右の図のように正三角形を ❶[　　] つ組み合わせてつくることができます。正三角形の 1 つの角の大きさは ❷[　　] °なので、正六角形の 1 つの角の大きさはその 2 倍で ❸[　　] °です。一周の角の大きさは ❹[　　] °なので、正六角形を使ってすきまなく空間を敷き詰めることができます。このことから、性質①を示すことができます。

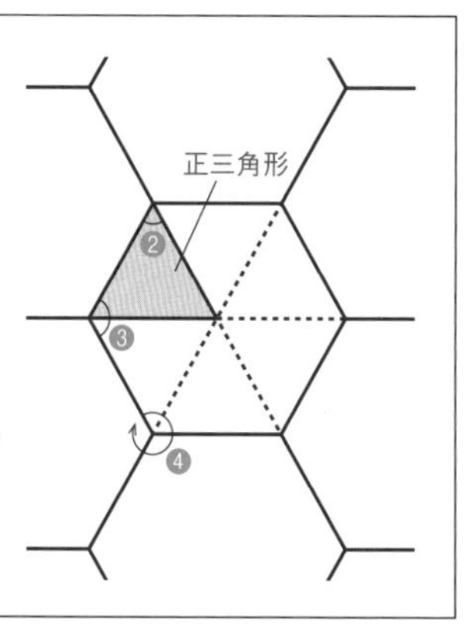

② 次の文を読んで、□にあてはまる数を書きましょう。

性質②について、周りの長さがいずれも24cm である正三角形と正六角形の面積を比べます。

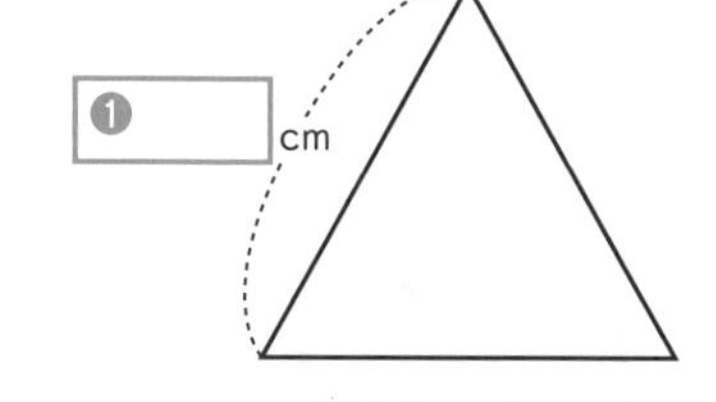

このとき、正三角形の 1 辺の長さは 3 等分した ❶[　　] cm、正六角形の 1 辺の長さは 6 等分した ❷[　　] cm です。正三角形の 1 辺の長さがわかっているとき、その面積は次のような式で求められることが知られています。

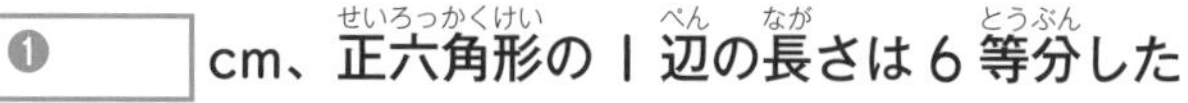

$$\frac{\sqrt{3}}{4} \times (1\text{辺の長さ}) \times (1\text{辺の長さ}) \fallingdotseq 0.425 \times (1\text{辺の長さ}) \times (1\text{辺の長さ})$$

このことから、1 辺の長さが ❶[　　] cm の正三角形の面積は、およそ ❸[　　] cm^2です。

正六角形は、①の図より、1 辺が ❷[　　] cm の正三角形を 6 つ組み合わせてつくることができるので、0.425×(1 辺の長さ)×(1 辺の長さ) を 6 倍して求めます。

求める面積は、およそ ❹[　　] cm^2です。

よって、正六角形のほうが面積は大きいことがわかります。

①の正六角形を見て考えてみよう！

おさらいワークの解答・解説

1　①❶6　❷60　❸120　❹360

②❶8　❷4　❸27.2　❹40.8

解説

1　①　正六角形は、正三角形を６つ組み合わせてつくることができます。正三角形の１つの角（内角といいます）は60°です。正六角形の１つの角は60°×2＝120°であり、一周の角度が360°であることから、360÷120＝３で、正六角形を頂点で３つ合わせると、すき間なく敷き詰めることができます。

②　正三角形：0.425×8×8＝およそ27.2（cm^2）、正六角形：(0.425×4×4)×6＝およそ40.8（cm^2）であることから、一周の長さが同じとき、正六角形のほうが面積は大きくなります。正方形と正六角形でも、正六角形のほうが大きくなります。正方形の周りの長さが24cmのとき、１辺の長さは24÷4＝6（cm）で、面積は（１辺の長さ）×（１辺の長さ）＝6×6＝36（cm^2）となるので、確かに、正六角形のほうが大きいことがいえます。

メモ

〈サッカーのゴールネット〉
力を分散させることができる形状である正六角形は、サッカーのゴールネットにも使われています。シュートの衝撃を吸収して、力を分散させることで、ボールが網の目で止まり、ゴールの瞬間を劇的に見せる効果があります。

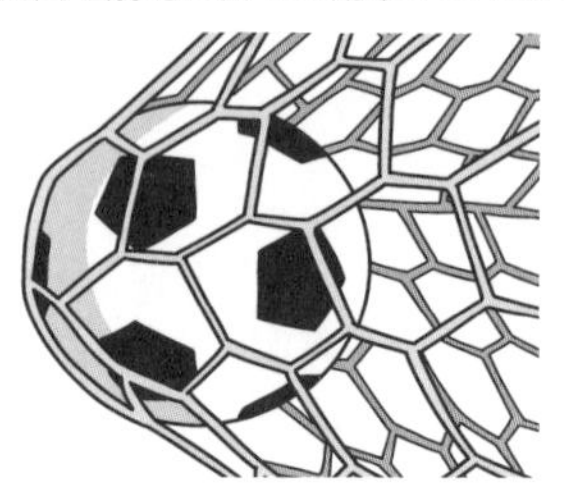

ハチの巣はなぜ六角形なの？

A　正六角形で材料を無駄なく、すき間なく敷き詰めることができて、しかも丈夫なマイホームをつくることができるから。

自然界で物の形は安定した形状になることが多く、正六角形は岩石や雪の結晶など、さまざまなところに出現します。人工物にもそれらの考えは活かされ、応用されています。

身近にある数学

Q 「直線の傾き」が現代社会を支えているって、ホント？

そういえば、中学のときに右上がりの直線とか右下がりの直線とか、いろいろ習ったような……。遠い記憶……。

ページをめくる前に考えよう

ヒント QUIZ

右のグラフのように、速さを変えて30分で30km進んだ自動車があります。スタートして10分の時点と、20分の時点では、自動車のスピードはどちらが速い？

※答えは次のページ

時間によって、スピードが速くなったり遅くなったりしている。

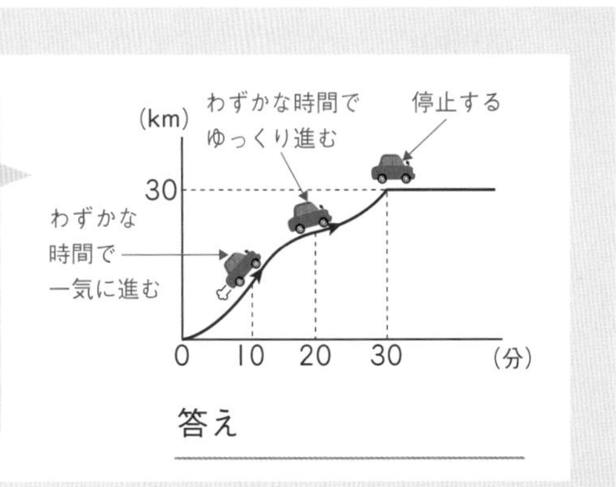

答え

A ホント！　直線の傾きは未来を予測するツールになる！

中学校で何となく習ったものが、そんなスグレモノだったなんて……。

直線の傾きは、瞬間的な数量の変わり方を考える道具として使えるんだ！

教科書を見てみよう！

数学

直線の傾き具合で変化の大きさがわかる！

y の増加量 b

x の増加量 a

『変化の割合』

おもに中学２年数学を参考に作成

傾きは、変化の割合のこと。次の式で表される。

$$変化の割合=\frac{y\,の増加量}{x\,の増加量}$$

y の値が増えた分を x の値が増えた分でわる。

（例）１次関数 $y=2x+4$

x	−1	0	1	2	3	4
y	2	4	6	8	10	12

表から、x が１から４まで増加したとき、y は６から12まで増加するので、

$$変化の割合=\frac{12-6}{4-1}=\frac{6}{3}=2$$

つまり、こういうこと

●変化の割合（直線の傾き）の考えを使って、瞬間の変化の様子をとらえることができます。

前のページのヒントQUIZは、10分近辺の傾き具合と、20分近辺の傾き具合を、瞬間的にとらえて比べた問題です。

このように、瞬間的にその近辺の傾きをとらえることを「微分」といいます。また、瞬間ごとに分けた数量のたし合わせで全体をとらえ直すことを「積分」といいます。（難しいですが、さらに学びたい人は高校数学のテキストを見てみましょう。）

微分や積分は、瞬間の変化の傾向がわかるので、株価の予測や天気予報などの未来予測に用いることができます。直線の傾きを使った予測が現代社会を支えているのです。

瞬間的な直線の傾き（イメージ）

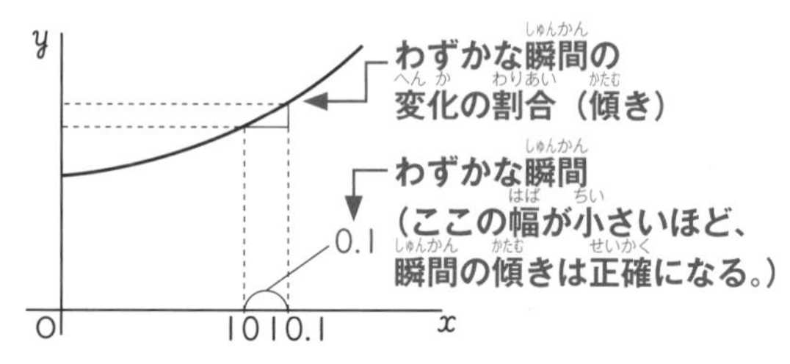

ヒントQUIZの答え：10分（右上がりの矢印が10分の方が大きく傾いているので速いとわかる）

※答えは次のページ

書いて身につく! おさらいワーク

1

ボールが坂道を転がっています。右下のグラフは、ボールが転がり始めてからx秒の間に坂道を下る距離をymとして、グラフに表したものです。この曲線は$y=x^2$のグラフです。次の問題に答えましょう。

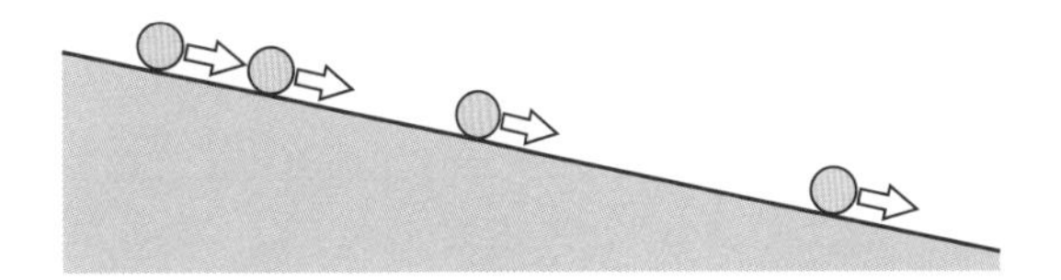

① $x=3$ のときと $x=5$ のときの y の値を、それぞれ求めましょう。

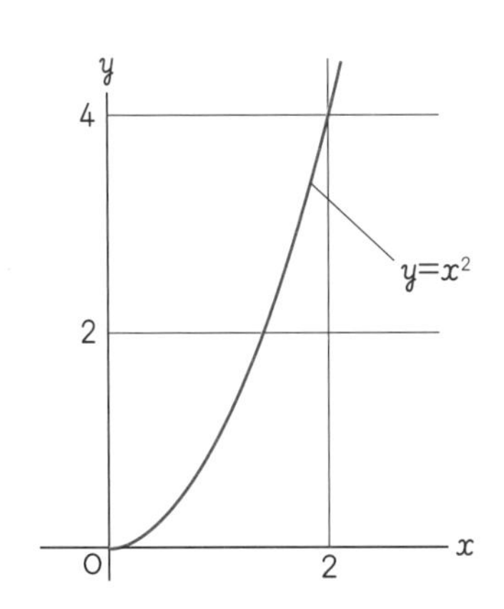

グラフが直線でなく曲線であるとき、落ちるボールの瞬間の速さが刻々と変わっていることを表しています。瞬間の速さを求めるために、わずかな経過時間の「平均の速さ」を求めます。平均の速さは、その経過時間での変化の割合であり、以下の式で求めることができます。

$$\text{ある経過時間の平均の速さ} = \frac{\text{その間に進んだ距離}}{\text{経過時間}}$$

② ボールが転がって3秒後から5秒後までの平均の速さは、秒速何mでしょうか。

難しそうだけど、つまり①で求めた2つの距離の差をとって、時間の差でわるってことだね!

③ ボールが転がって3秒後から4秒後までの平均の速さは、秒速何mでしょうか。

④ ボールが転がってから3秒後の瞬間の速さにいちばん近いのは、次のア~エのどれと考えられるでしょうか。

ア 秒速1m　イ 秒速6m　ウ 秒速11m　エ 秒速16m

②と③の結果から、④を考えるんだよ!

おさらいワークの解答・解説

1 ① $x=3$ のとき：$y=9$、$x=5$ のとき：$y=25$
②秒速 8 m ③秒速 7 m ④イ

解説

1 ① $y=x^2$ に $x=3$ を代入する（あてはめる）と、$y=3^2=9$ です。$y=x^2$ に $x=5$ を代入すると、$y=5^2=25$ です。

② ①より、$x=3$ から $x=5$ までの平均の速さは $\frac{25-9}{5-3}=\frac{16}{2}=8$ から、秒速 8 m です。

③ $x=4$ のとき、$y=4^2=16$ です。②と同じように、$x=3$ から $x=4$ の変化の割合を求めると、平均の速さは $\frac{16-9}{4-3}=\frac{7}{1}$ $=7$ から、秒速 7 m です。

④ $x=3$ の瞬間の速さは、②と③の速さから考えることができます。いずれも $x=3$ を起点とした平均の速さであり、②は $5-3=2$（秒間）、③は $4-3=1$（秒間）です。秒速 8 m や秒速 7 m にいちばん近いイの「秒速 6 m」を選びましょう。2 秒間→ 1 秒間→0.1 秒間→…などと、平均の速さの時間間隔を縮めると、瞬間の速さ「秒速 6 m」に近づいていきます。

メモ

〈接する直線と瞬間の速さ〉
$y=x^2$ の曲線に対して、$x=3$ の位置で接している直線（接線）の傾きは 6 です。この直線の傾き 6 は、3 秒後の瞬間の速さ「秒速 6 m」の数値と一致します。x がどのような値であっても、接する直線と瞬間の速さについてのこの性質は成り立ちます。

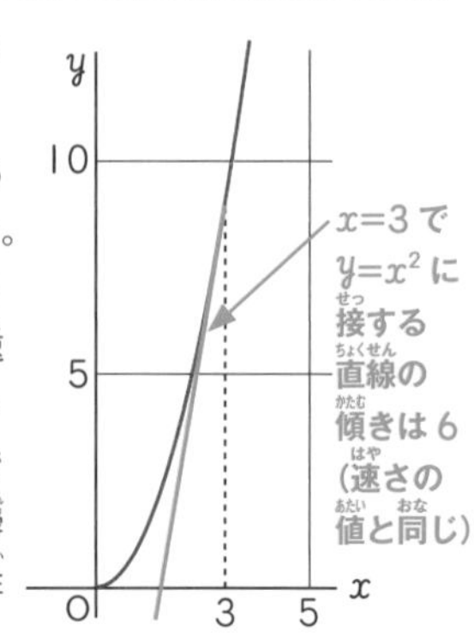

Q 「直線の傾き」が現代社会を支えているって、ホント？

A ホント！ 傾きは瞬間的な変化の割合を考えることで、未来予測のツールとして用いられる！

常に変化する時代だから、数学を用いた未来予測はとても重要な役割を果たします。背景にある数学は確かに難しいですが、ベースは中学校で習った「直線の傾き」です！

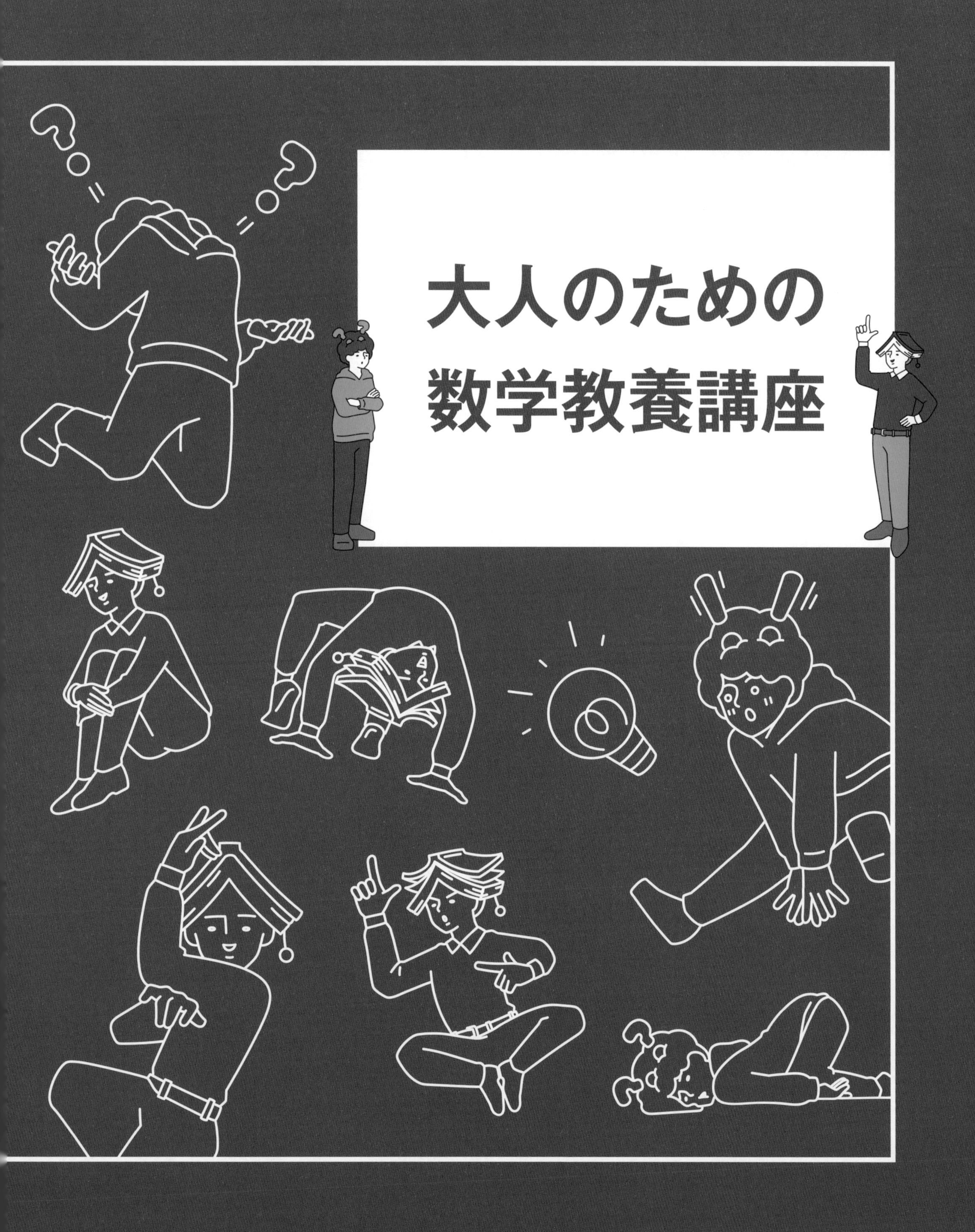
大人のための
数学教養講座

大人のための数学教養講座

Q 今の中学生には常識！ この図、何の図か知ってる？

ぜんっぜん、習った覚えはないけど、
本当に今の子は知ってるの？

ページをめくる前に考えよう

ヒント QUIZ

複数のデータを数値の小さい順に並べたとき、真ん中の値のことを何という？

※答えは次のページ

2	10	3	5	5	7	2	1	8	4	8

（小さい順に並べなおす）

1	2	2	3	4	⑤	5	7	8	8	10

68ページの復習だね。

答え

A 箱の両端から、ひげが出ている図だから、「箱ひげ図」。

変な名前！
どういう場面で使う図なの？

統計分野で使うんだ。データの数値がどういう風に分布しているか、散らばり具合をつかむための道具だよ。

教科書を

てみよう！

『データの散らばり』

おもに中学２年数学を参考に作成

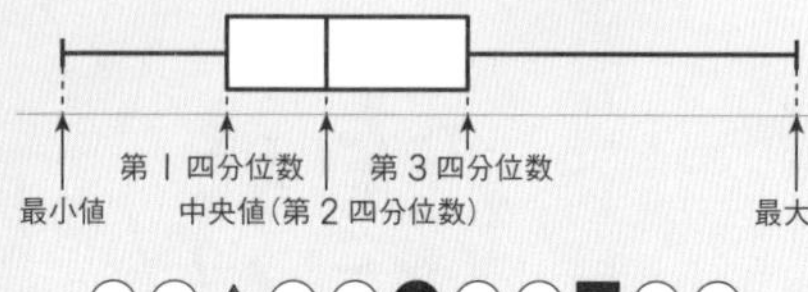

〈箱ひげ図〉

データの真ん中近辺の散らばり具合を確かめるために、箱ひげ図は使われる。
箱ひげ図はデータを小さい順に並べたとき、以下の値を表すことができる。
第１四分位数…データを小さい順に並べたときの下半分のデータを、さらに半分に分ける区切りの値。
第２四分位数…データを小さい順に並べたとき、データを半分に分ける区切りの値。
第３四分位数…データを小さい順に並べたときの上半分のデータを、さらに半分に分ける区切りの値。

つまり、こういうこと

●以下の11個のデータを、箱ひげ図で表します。

7	9	3	4	9	2	7	5	2	10	8

●まずは、データを小さい順に並べます。

2	2	3	4	5	7	7	8	9	9	10

●次に、最小値、最大値、四分位数を求めます。

■：最小値、最大値…それぞれいちばん小さい値「２」といちばん大きい値「10」
●：中央値（第２四分位数）…真ん中の値「７」、
◆：第１四分位数…中央値より下半分の真ん中の値「３」
◆：第３四分位数…中央値より上半分の真ん中の値「９」

箱ひげ図に表すと、右のようになります。

「箱」の内側が中央値まわりの値、ひげの両端が最大値、最小値の位置だよ。

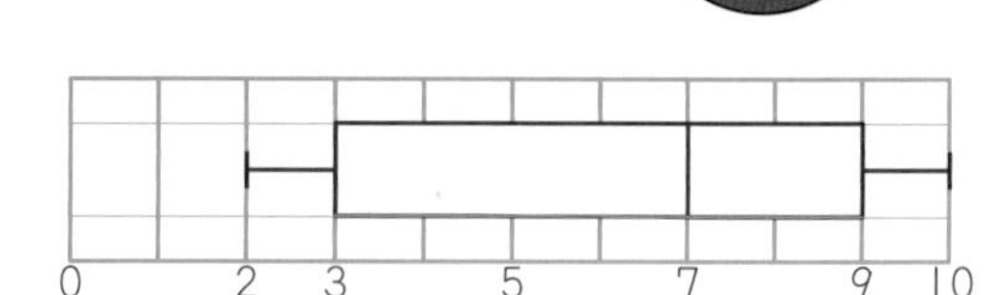

最小値と最大値が「ひげ」の左右の端になり、第１、第３四分位数が「箱」の左右の端になります。

ヒントQUIZの答え：中央値

※答えは次のページ

書いて身につく! おさらいワーク

1

次の11個のデータに対して、箱ひげ図をかこうと思います。

2	10	3	5	4	8	2	1	8	4	8

まず、データを小さい順に並べ直します。

次に、最小値、最大値、四分位数を求めてみましょう。右の説明を参考にしながら、箱ひげ図をかくうえで必要な数値を求めていきます。

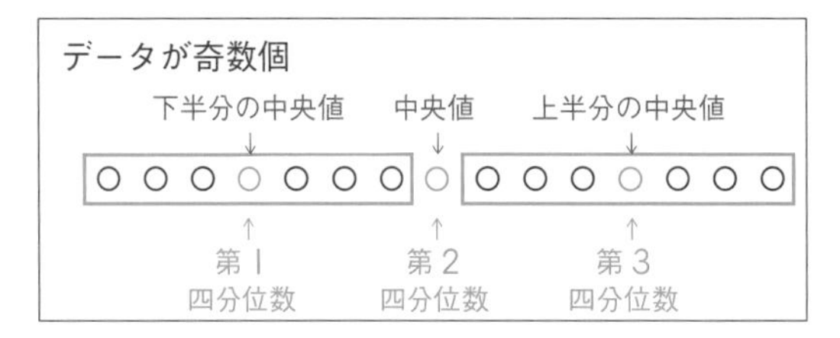

□にあてはまる数を書きましょう。

・中央値（第2四分位数）は ❶□ です。

・第1四分位数は ❷□ です。

・第3四分位数は ❸□ です。

データが15個のときは、上のように考えればいいんだね！

次に、

・最小値は ❹□ です。

・最大値は ❺□ です。

・データをすべてたし合わせると、❻□ となります。このことから、データの個数11でわると平均値を求めることができて、その値は ❼□ となります。

これらの値を使って、箱ひげ図をかいてみましょう。

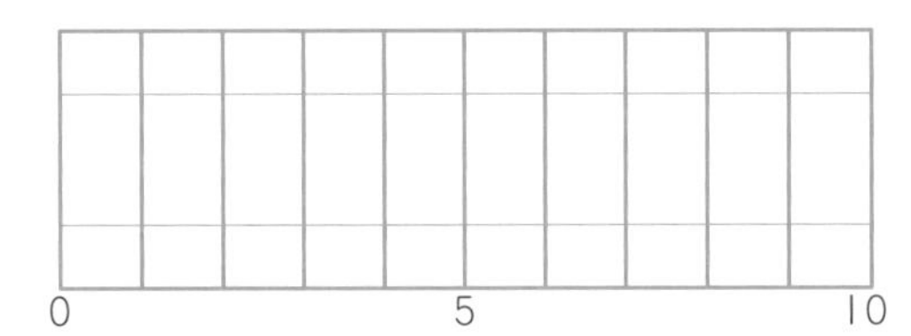

最小値は左端、最大値は右端、第1、第2、第3四分位数が「箱」の縦線だよ！

おさらいワークの解答・解説

1 データを小さい順に並べ直すと、

1	2	2	3	4	4	5	8	8	8	10

❶4　❷2　❸8　❹1　❺10　❻55

❼5

〈箱ひげ図〉

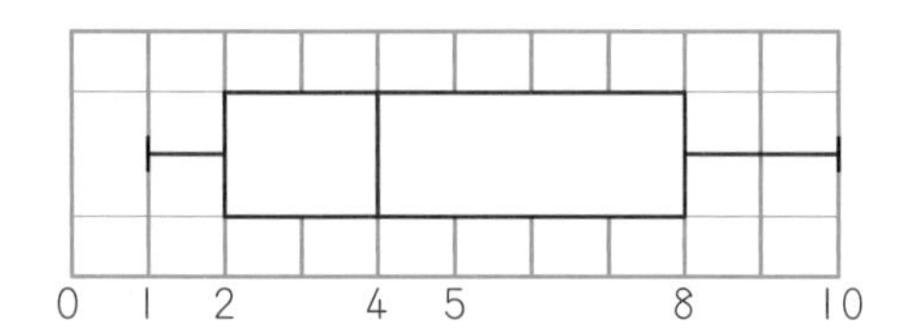

メモ

〈データが偶数個のときの四分位数〉

今回の問題では、データの個数が11個と奇数で、中央値がちょうどデータの真ん中になりました。データの個数が偶数個の場合の3つの四分位数の求め方は、下の図のようになります。

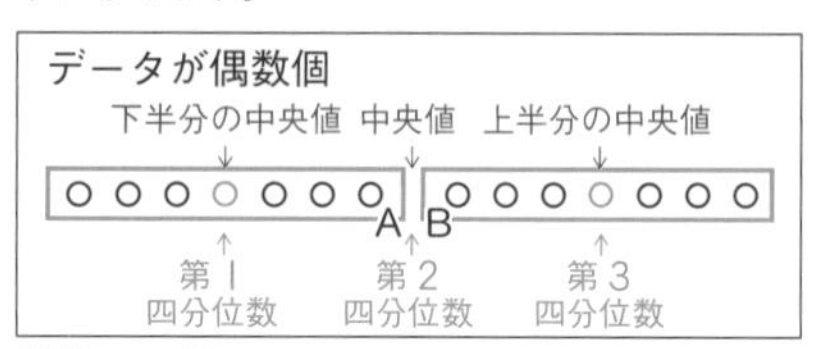

偶数個の場合、データAとBの平均値が第2四分位数となります。

解説

1 データを小さい順に並べ直したとき、中央値は、小さいほうから数えて6番目の、「4」です。これが第2四分位数となります。第1四分位数は、小さいほうから1番目～5番目の中央値であるから、3番目の「2」です。第3四分位数は、小さいほうから7番目～11番目の中央値であるから、9番目の「8」です。第1四分位数は箱の左端の線、第2四分位数は箱の中の線、第3四分位数は箱の右端の線です。

最小値が「1」で、最大値が「10」なので、これらをひげの左端、右端とすると、箱ひげ図をかくことができます。

Q 今の中学生には常識！　この図、何の図か知ってる？

A 箱（長方形）の両端から、ひげ（線）が出てるように見える図だから、「箱ひげ図」という。

今と昔の教科書を見比べると、内容が新しく変わっていることがしばしばあります。現代社会では資料の読み取り力が重要であるため、中学生の学習項目に追加されています！

Q 「マイナスの数×マイナスの数」がプラスの値なのはどうして？

学校では確かにそう習ったよ！
でも……冷静に考えるとなんでだろう？

ページをめくる前に考えよう

ヒントQUIZ

(－1)×(＋1)の結果は、次のうちどれ？

A　－1

B　＋1

※答えは次のページ

1をかけても答えはかけられる数と変わらないはずだから……

A　1＋(−1)＝0 から、(−1)×(−1)＝＋1 が計算できるから。

式を変形して (−1)×(−1)=+1 をつくり出すんだね。なんか面白そう！

その前に、(−1)×1=−1 であることもおさえておこう！

教科書を見てみよう！

『正負の数』

おもに中学１年数学を参考に作成

右のように、かける数を１つずつ小さくしていく。すると、その積は２ずつ小さくなっていることがわかる。
この考え方を使うと、2×(−1)＝−2、2×(−2)＝−4 となり、正の数と負の数の積が、負の数になることが確かめられる。

〈(正の数)×(負の数)＝(負の数)〉
正の数と負の数の積は、負の数になる。

(＋2)×(＋3)　＝＋6
(＋2)×(＋2)　＝＋4
(＋2)×(＋1)　＝＋2
(＋2)×　0　＝0
(＋2)×(−1)　＝−2
(＋2)×(−2)　＝−4

（かける数は −1 ずつ、積は −2 ずつ変化）

つまり、こういうこと

上のことから、1×(−1)＝−1 であるとわかります。
これと、1＋(−1)＝0 の式から、(−1)×(−1)＝＋1 をつくり出すことができます。

1＋(−1)＝0　←1と(−1)をたすと0

両辺に (−1) をかけると、

(−1)×{1＋(−1)}＝(−1)×0　←右辺の0に何をかけても0

分配法則を使って、

(−1)×{1＋(−1)}＝0　←左辺の1と(−1)のそれぞれに(−1)をかける

(−1)×1＋(−1)×(−1)＝0

ここで、(−1)×1＝−1 なので、

−1＋(−1)×(−1)＝0

両辺に1をたすと、

−1＋(−1)×(−1)＋1＝0＋1

−1＋1＝0

(−1)×(−1)＝＋1　←左辺のかけ算は(−1)×(−1)だけになる

1＋(−1)＝0 の両辺に(−1)をかけることがポイント！

直感でわからない式は、数学的に示すんだね！

※答えは次のページ

書いて身につく！ おさらいワーク

1

次の計算をしましょう。

① $(+3)\times(+2)$　　② $(-3)\times(+2)$

③ $(+6)\times(-7)$　　④ $(-6)\times(-7)$

2

それぞれ１～５の数字の書かれたハート、ダイヤ、スペード、クローバーのトランプが計20枚あります。これを使って、次のようなルールでゲームを行います。

〈ルール〉

カードを２枚引きます。持っている２枚のトランプに書かれた数のかけ算を得点とします。ただし、赤色（ハート、ダイヤ）のカードは負の数、黒色（スペード、クローバー）のカードは正の数として計算します。

上の例では、$(+2)\times(-3)=-6$ 点となります。

次の得点を求めましょう。

① Aさんは次のような２枚のカードを引きました。得点が何点か計算しましょう。

Aさん

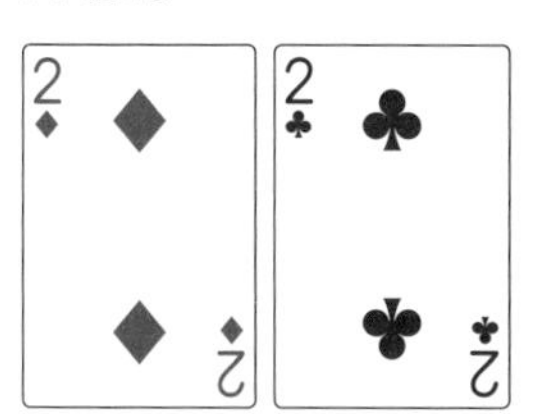

ダイヤが「２」、
クローバーも「２」だから……

② BさんとCさんはそれぞれ次のような２枚のカードを引きました。得点が大きいのは、BさんとCさんのどちらでしょうか。

Bさん　　Cさん

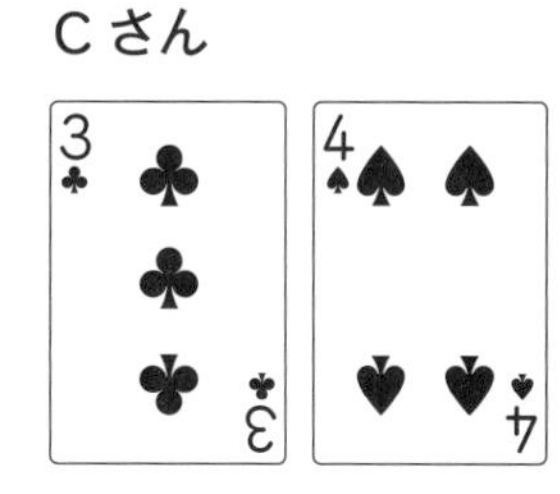

Bさんは赤色、
Cさんは黒色の
カードだね。

おさらいワークの解答・解説

1 ①6（+6） ②−6 ③−42 ④42（+42）

2 ①−4点 ②Cさん

解説

1 ① 3×2と同じ式です。

② ①のかけられる数が、+から−になっており、(−)×(+)の形であることから、答えは−です。

③ (+)×(−)の答えも−になります。6×7の答え42に−を付けます。

④ (−)×(−)=(+)の結果を用います。

2 ① ダイヤ（赤いトランプ）に書かれた数と、クローバー（黒いトランプ）に書かれた数がともに2であるから、(−2)×(+2)=−4（点）です。

② Bさんはともに赤いトランプ、Cさんはともに黒いトランプであることから、得点を計算します。

Bさん：(−2)×(−5)=10（点）

Cさん：(+3)×(+4)=12（点）

となるので、Cさんの方が得点が大きいです。

メモ

〈正負の数のかけ算と符号〉

正負の数のかけ算では、かけ算の式の中にある負の数（マイナスの数）の個数が奇数個（1個、3個、5個、…）であるときに、答えの符号は−になります。反対に、負の数の個数が偶数個（0個、2個、4個、…）であるときに、答えの符号は+になります。

例

マイナスの数字が3個（奇数）

(−2)×(−3)×(−4)=−24

マイナスの数字が2個（偶数）

(−2)×(−3)×(+4)=+24

正負の数の符号を間違えないように計算していこう！

Q 「マイナスの数×マイナスの数」がプラスの値なのはどうして？

A **「プラスの数×マイナスの数=マイナスの数」の結果を使って、1+(−1)=0の式を変形していくと、(−1)×(−1)=+1が確かめられるから。**

中学数学で最初に習う単元が、「正負の数」です。負の数の意味が直感的にはわかりにくいので、入り口からつまずいた人も多かったかも知れません。これを機に、学び直してみましょう！

大人のための数学教養講座

Q 素数ゼミって何? なぜ素数なの?

セミって、あのミンミンと鳴くセミのことだよね？
何か数学と関係あるのかな？

ページをめくる前に考えよう

ヒント QUIZ

次のうち、素数はどれ？

A	12
B	13
C	14

※答えは次のページ

12と14は偶数（2でわれる整数）だね。

A 生き残り戦略のために、13年、もしくは17年の間、地中にいるセミのこと。

ぴったり13年、17年で土の中から出てくるの？　不思議だなぁ〜

13、17という数字が素数であることに注目すると、この周期の理由が見えてくるよ！

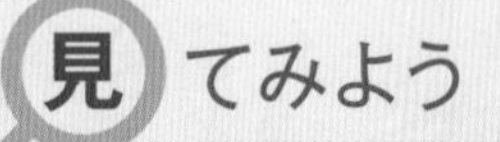

『整数の性質』

おもに中学1年数学を参考に作成

素数

素数は、1とその数自身の積でしか表せない自然数（正の整数）のこと。

つまり、素数とは1とその数自身しか約数がない自然数のことである。

2、3、5、7、11、13、17、19 のような数は、約数が1とその数自身しかないので、いずれも素数である。

つまり、こういうこと

●例えば、13年周期で土の中から出てくる素数ゼミを考えましょう。

自然界の生き物の多くには、天敵がいます。このセミにも、寄生虫などの様々な天敵がおり、生存をおびやかしています。天敵が、例えば3年周期で発生すると仮定します。

●下の表のように、40年の間、素数ゼミと天敵が発生する周期を、1年ごとにまとめました。

天敵	1	2	3	4	5	6	7	8	9	10	11	12	13	14	15	16	17	18	19	20
セミ	1	2	3	4	5	6	7	8	9	10	11	12	13	14	15	16	17	18	19	20

←色がついている年が、発生した年

天敵	21	22	23	24	25	26	27	28	29	30	31	32	33	34	35	36	37	38	39	40
セミ	21	22	23	24	25	26	27	28	29	30	31	32	33	34	35	36	37	38	39	40

何か気付くことはあるでしょうか？　天敵が3年周期で何度も発生しているにもかかわらず、素数ゼミが天敵と同じ年に発生しているのは、たった1回（39年経ったとき）です。

39は、13と3の最小公倍数（13と3のどちらでもわり切れる数のうち、もっとも小さいもの）です。13が素数であるため、3を約数に持たないことから、この最小公倍数が大きくなっています。

また、5年、7年などの周期で発生する別の天敵がいたとします。13は素数であることから同様に、最小公倍数は13×5=65、13×7=91と大きくなります。

●セミの発生周期が素数であることは、天敵とできるだけ出会わないようにするための、生き残り戦略と考えることができます。

※答えは次のページ

書いて身につく！ おさらいワーク

1

ここでは、17年ごとに発生する素数ゼミと、４年ごとに発生する天敵について考えます。17の倍数に○を、４の倍数に□をかきましょう。また、これを使って、素数ゼミと天敵が初めて同じタイミングで発生する年が、１年目から数えて何年目かを求めましょう。

1	2	3	4	5	6	7	8	9	10	11	12	13	14	15
16	17	18	19	20	21	22	23	24	25	26	27	28	29	30
31	32	33	34	35	36	37	38	39	40	41	42	43	44	45
46	47	48	49	50	51	52	53	54	55	56	57	58	59	60
61	62	63	64	65	66	67	68	69	70	71	72	73	74	75

2

1 では、表を使って数を書き並べましたが、これよりも簡単な方法で最小公倍数を求めることができます。右の〈最小公倍数の求め方〉を見ながら、㋐～㋔に入る数字をうめて、最小公倍数㋕を求めましょう。

❶ 12と32の最小公倍数

㋐) 12　32
㋒) 6　㋑
　　㋓　㋔

最小公倍数＝㋐×㋒×㋓×㋔＝㋕

❷ 45と54の最小公倍数

㋐) 45　54
㋒) ㋑　18
　　㋓　㋔

最小公倍数＝㋐×㋒×㋓×㋔＝㋕

〈２つの数の最小公倍数の求め方〉

2) 32　24
2) 16　12
2) 8　6
　　4　3

1 同じ数でわっていく

2 同じ数でわれなくなったらストップ

3 L字の部分をすべてかけたものが最小公倍数

2 × 2 × 2 × 4 × 3 ＝96

12も32も偶数（２でわれる）だから……。

おさらいワークの解答・解説

1 68年目

1	2	3	4	5	6	7	8	9	10	11	12	13	14	15
16	17	18	19	20	21	22	23	24	25	26	27	28	29	30
31	32	33	34	35	36	37	38	39	40	41	42	43	44	45
46	47	48	49	50	51	52	53	54	55	56	57	58	59	60
61	62	63	64	65	66	67	68	69	70	71	72	73	74	75

2 ❶ ㋐2　㋑16　㋒2　㋓3　㋔8　㋕96

❷ ㋐3　㋑15　㋒3　㋓5　㋔6　㋕270

解説

2 以下のように２つの数をともにわれる整数でわり進み、最小公倍数を求めることができます。

❶
```
2 ) 12  32   ←ともに２でわれる
2 )  6  16   ←さらに２でわれる
     3   8
```

❷
```
3 ) 45  54   ←ともに３でわれる
3 ) 15  18   ←さらに３でわれる
     5   6
```

メモ

13年、17年周期の素数ゼミが生まれた理由は、諸説あります。「交雑」という観点で、素数であることの理由を説明するケースもあります。
12年、15年など、素数以外の周期で発生したセミは、天敵と同様、互いに出くわす機会が多くなります。
これらが交雑して子孫を残すのですが、その周期は12年ごと、ないしは15年ごととは限らず、周期がずれていきます。個体によって周期が変わると、次に繁殖できる個体が限られるので、自然に淘汰されていきます。結果、素数ゼミだけが他のセミと交雑する機会が少なくて、淘汰されずに生き残ることになります。

❶は2×2×3×8
＝96、
❷は3×3×5×6
＝270だね。

Q 素数ゼミって何？　なぜ素数なの？

A 生き残り戦略のために、13や17といった素数の周期で大量発生するセミを、素数ゼミという。

「素数」が数学的に魅力的である理由の一つは、この数が自然界においてしばしば現れることです。生き残るために選択した合理的な戦略の背景に、奥深い数学が隠されているのです！

大人のための数学教養講座

Q 建築物の縦と横の比で使われる黄金比、何が特別なの？

黄金比は人間が美しさを感じる比率だって聞いたことがあるけど、そもそも「美しさ」って主観だよね？

ページをめくる前に考えよう

ヒントQUIZ

右の図は凱旋門です。□にあてはまるおよその数はどれ？

A $\frac{1+\sqrt{3}}{2}$

B $\frac{1+\sqrt{7}}{2}$

C $\frac{1+\sqrt{5}}{2}$

※答えは次のページ

A「入れ子」が、いくつもつくれるから、特別。

黄金比は、およそ1：1.6なんだね。なぜ1.6なんてハンパな数なの？

実際は$1:\frac{1+\sqrt{5}}{2}$だよ。とある条件に合うよう2次方程式を解いて求められるんだ！

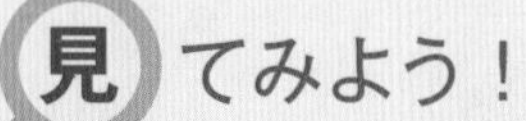

おもに中学3年数学を参考に作成

〈2次方程式の解の公式〉

xについての2次方程式

$ax^2+bx+c=0$

の解は、次のようになる。

$$x=\frac{-b\pm\sqrt{b^2-4ac}}{2a}$$

（$4ac$は$4\times a\times c$、$2a$は$2\times a$のこと）

つまり、こういうこと

●右の図のような長方形で、縦の長さと横の長さの比（割合）を、$1:x$（$x>1$）とします。

この長方形の左側を、正方形でくり抜きます。このとき、右側に残る長方形の比が、同じように$1:x$の比になっているとすれば、黄金比を持つ長方形です。

右の長方形の短い辺と長い辺の比は、$(x-1):1$です。これが$1:x$と等しくなるので、$1:x=(x-1):1$です。

比の性質から、$1\times1=x\times(x-1)\rightarrow1=x^2-x$

└○：△＝●：▲のとき、○×▲＝△×●が成り立つ。

式を変形すると、**xについての2次方程式$x^2-x-1=0$**となります。この2次方程式を解くと、$x=\frac{1\pm\sqrt{5}}{2}$となります。

$\sqrt{5}=2.236\cdots$なので、解は$x=1.618\cdots$、または$x=-0.618\cdots$であり、xは1より大きな値なので、$x=\frac{1+\sqrt{5}}{2}=1.618\cdots$です。

$x=\frac{1+\sqrt{5}}{2}$となるとき、次の図のように、正方形をくり抜いていくことで、入れ子のような形で、黄金比を持つ長方形を延々とつくることができます。

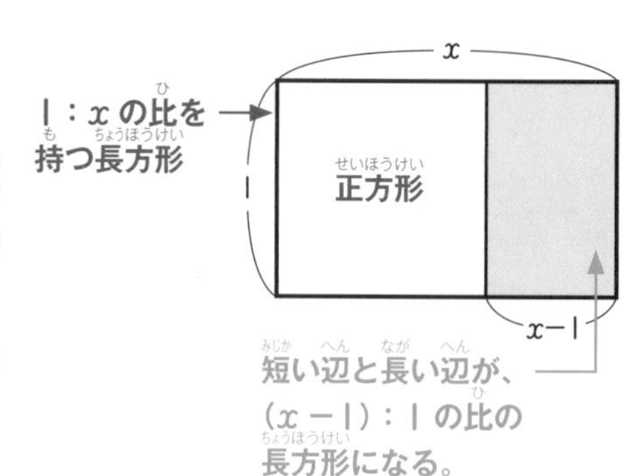

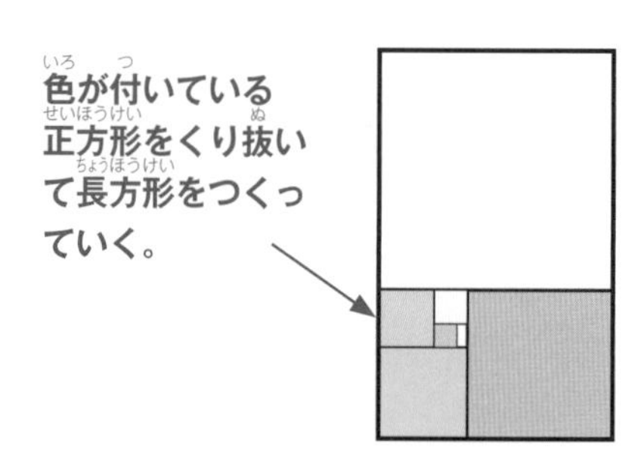

書いて身につく! おさらいワーク

1

日曜大工で、ある箱型のインテリアをつくります。SNS映えをよくするために、真正面から見たとき、縦と横の長さが黄金比（およそ1：1.618）になるように設計しようと思います。このとき、どのように長さを決めていけばよいかを考えます。横長の長方形をつくることとして、横の長さを42cmとしたとき、縦の長さは何cmにすればよいでしょうか。次のア～オのうち、最もふさわしいものを選びましょう。

ア：13cm　イ：20cm　ウ：26cm　エ：33cm　オ：39cm

横の長さが42cmだから、
1：1.618＝●：42だね。

2

次の x についての2次方程式を、解の公式を用いて解きます。①は□にあてはまる数を書きましょう。②は、①と同じようにして解きましょう。

> x についての2次方程式 $ax^2+bx+c=0$ の解の公式は、
> $$x=\frac{-b\pm\sqrt{b^2-4ac}}{2a}$$

2次方程式 $ax^2+bx+c=0$ の
a、b、c に数字をあてはめるんだね。

① $x^2+3x+1=0$

$a=1$、$b=3$、$c=1$ なので、解の公式にあてはめると、

$$x=\frac{-\boxed{❷}\pm\sqrt{\boxed{❸}^2-4\times\boxed{❹}\times\boxed{❺}}}{2\times\boxed{❶}}$$ となり、整理すると、

$$x=\frac{-\boxed{❼}\pm\sqrt{\boxed{❽}}}{\boxed{❻}}$$

② $x^2+5x-3=0$

$c=-3$ と、マイナスの数字を入れるときは、
$4\times a\times c=4\times1\times(-3)$
のように、かっこに入れて計算しよう。

おさらいワークの解答・解説

1 ウ

2 ①❶1　❷3　❸3　❹1

❺1　❻2　❼3　❽5

② $x=\frac{-5\pm\sqrt{37}}{2}$

解説

1 1：1.618＝●：42 となるように、●の値を求めていきます。1×42＝1.618×●→●＝42÷1.618＝25.95…となり、ウの26cm が最も近い長さであるとわかります。

2 ① 解の公式に a、b、c をあてはめるときに、計算ミスをしないようにしましょう。

$$x=\frac{-3\pm\sqrt{3^2-4\times1\times1}}{2\times1}$$
$$=\frac{-3\pm\sqrt{9-4}}{2}=\frac{-3\pm\sqrt{5}}{2}$$

② $a=1$、$b=5$、$c=-3$ なので、①と同じように解の公式にあてはめます。

$$x=\frac{-5\pm\sqrt{5^2-4\times1\times(-3)}}{2\times1}$$
$$=\frac{-5\pm\sqrt{25+12}}{2}$$
$$=\frac{-5\pm\sqrt{37}}{2}$$

メモ

長さを測るうえで使い勝手を良くするために、黄金比を以下のような整数の比で表すことがあります。

5：8　13：21　55：89

左の問題の**1**で、42は「21」を2倍した値なので、「13」も2倍することで、縦の長さがおおよそ26であることが確かめられます。

数が大きいほど数字を覚えるのは大変ですが、実際の1：1.618…と近い、正確な比になります。

解の公式は覚えて使えるようにしておこう！

Q 建築物の縦と横の比で使われる黄金比、何が特別なの？

A 同じ比の「入れ子」の長方形をいくつもつくることができるから、特別。

数学は無機質な学問だと思われがちですが、見た人に「美しい」と感じさせる力があります。ギリシャのパルテノン神殿、ミロのヴィーナス像など、黄金比が使われている例は枚挙にいとまがありません。

Q カーナビの精度の高さの秘密は直角三角形にあり。どういうこと?

GPSを使えば、どこでも迷わずに行けて便利！
ところで、GPSで車の現在位置がわかるのはどうして？

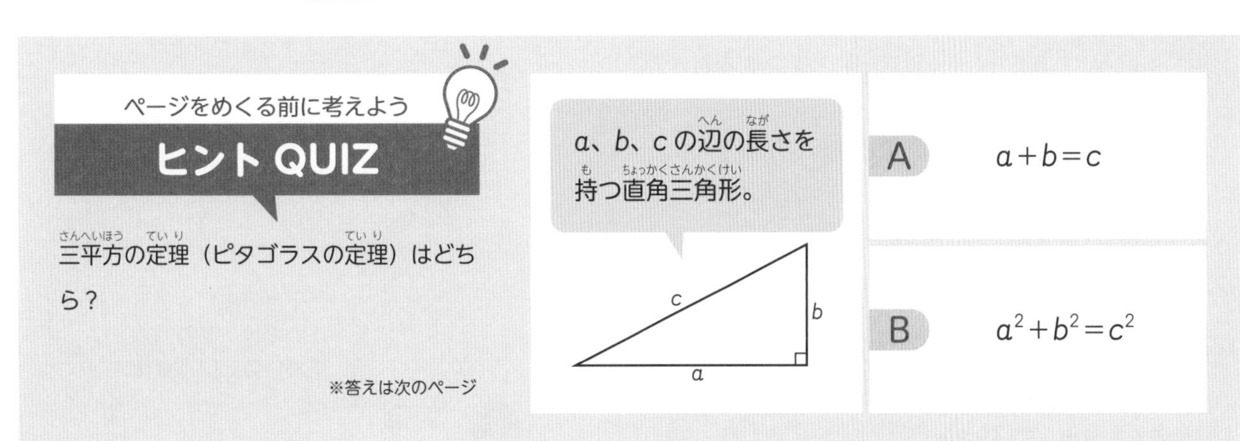

A 「3点」を結んでできた直角三角形に、三平方の定理が使える。

三平方の定理。習った覚えはあるけど、どんな定理だったか覚えてないなぁ……。

直角三角形の3つの辺のうち2つの辺の長さが分かれば、残りの1つの辺の長さが求められる、という定理だよ。

教科書を見てみよう！

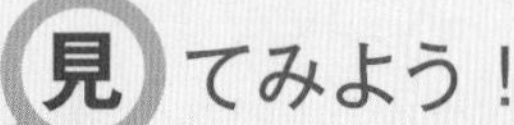

『三平方の定理』

おもに中学3年数学を参考に作成

直角三角形において、直角をはさむ2辺の長さをa、bとして、斜辺（直角と向かい合う辺）の長さをcとする。

このとき、$a^2+b^2=c^2$が成り立つ。

つまり、こういうこと

●まず前提として、電波のやり取りにより車と人工衛星との直線距離がわかっているとします。また、人工衛星と、地面との距離は常に一定に保たれています。

具体例で考えてみましょう。右の図の①の距離を2万5千kmとします。②の距離を2万kmとします。三平方の定理から、③の距離を求めることができます。

③の距離を$a$kmとすると、三平方の定理より、

$a^2+(2万)^2=(2万5千)^2$

$\Rightarrow a^2=(2万5千)^2-(2万)^2=2億2千5百万$

2乗すると2億2千5百万になる数は、1万5千です。

$a=$1万5千ですから、③の距離を1万5千kmと求めることができます。

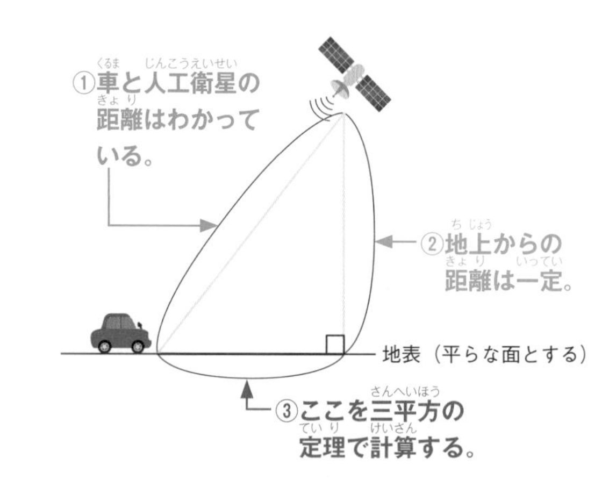

三平方の定理で実際に求められるのは、この人工衛星の真下の位置と、車との距離です。つまり、右の図のように、円周上のどこかにいることだけがわかります。

精度をさらに高めるために、人工衛星を組み合わせます。3つ以上の人工衛星で得た同じ情報を駆使して、車の正確な位置を割り出しています。

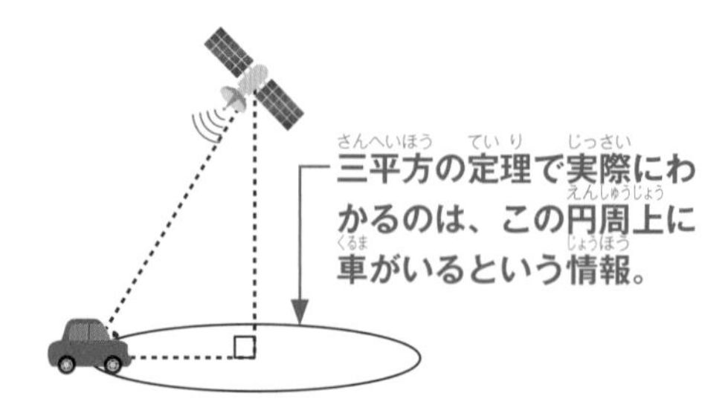

※答えは次のページ

書いて身につく! おさらいワーク

1

三平方の定理 $a^2+b^2=c^2$ を証明します。□にあてはまる数や式、ことばを記入して、三平方の定理の証明を完成させましょう。

【証明】

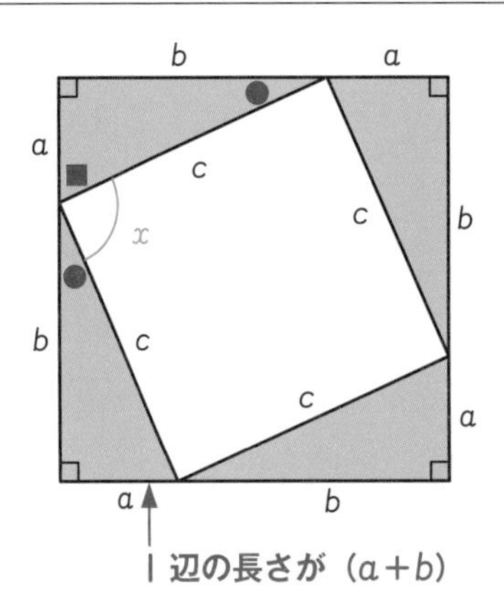

1辺の長さが(a+b)

右の図のように、直角にはさまれた辺の長さが a と b で、斜辺の長さが c の直角三角形を 4 つ組み合わせて、1辺の長さが (a+b) の正方形をつくります。

直角三角形の角のうち、直角でない 2 つの角を、●と■とします。三角形の内角（内側の 3 つの角度）をすべてたすと、180°なので、●+■+90°=180°…Ⓐ

また、一直線の角も同様に180°です。このことから、右の図の∠ x（x の角度）について、●+■+∠ x=180°…Ⓑ

ⒶとⒷを比べると、∠ x= ❶ °です。色のついていない部分の四角形は、辺の長さが等しく、直角な四角形になります。この四角形は ❷ であることがわかります。

1辺の長さが c の正方形の面積は、c^2です。1辺の長さが (a+b) の正方形の面積から、白い部分の正方形の面積をのぞいたら、色のついた部分の面積になります。この面積は、$(a+b)^2-$ ❸ ^{2} …Ⓒ　です。

さらに、色のついた部分は、直角にはさまれた辺が a、b である直角三角形 ❹ つ分です。1つ分の直角三角形の面積は、「底辺×高さ÷2」で求められることから、$(a\times b\div 2)\times$ ❹ $=2\times a\times b$ …Ⓓ　です。

ⒸとⒹの面積が等しいことから、$(a+b)^2-c^2=2\times a\times b$ です。$(a+b)^2-c^2$ を変形すると $a^2+2\times a\times b+b^2-c^2$ なので、$a^2+2\times a\times b+b^2-c^2=2\times a\times b$

両辺から ❺ をひいて、c^2を右辺にもっていく（移項する）と、$a^2+b^2=c^2$ となり、三平方の定理を証明することができました。

おさらいワークの解答・解説

1 ❶90　❷正方形　❸c

❹4　❺$2 \times a \times b$（$2ab$）

解説

1　三平方の定理は、様々な証明方法が知られています。今回の証明方法は最も代表的なものの一つであり、中学の教科書にも掲載されています。

この証明の肝は、色が付いた三角形の面積を2通りに表すことです。同じ部分の面積が2つの方法で表されたので、「＝(等号)」で結ぶことができます。証明の中で、

$(a+b)^2 = a^2 + 2 \times a \times b + b^2$（$a^2 + 2ab + b^2$）

が現れますが、これは「乗法公式」と呼ばれる、中学数学で代表的な公式の一つです。

定理を使う前に、どうやってそれを証明するか考えることが大切なんだね。

> メモ
>
> カーナビに使われているGPSは「グローバル・ポジショニング・システム（Global Positioning System）」の頭文字を取ったものです。日本語に直すと、「全地球測位システム」となります。地球上の様々な位置に対応する人工衛星が、位置の特定のために稼働しています。

一度証明した定理は、気兼ねなく使うことができるんだ！

Q カーナビの精度の高さの秘密は直角三角形にあり。どういうこと？

A 車と人工衛星、人工衛星の直下の「3点」を結んでできた直角三角形に、三平方の定理が使える。

普段何気なく使っているカーナビは、「三平方の定理」を応用したものです。アンテナを高く張って物のしくみを探ることも、大人のたしなみと言えるでしょう！

大人のための数学教養講座

Q 宝くじでいくら当たるかが計算できる!? 期待値っていったい何?

期待値？　宝くじを買うときの期待感はマックスだけど？

ページをめくる前に考えよう

ヒント QUIZ

100本のくじの中に1等のくじが2本あるとき、1本ひいたくじで1等が当たる確率は？

※答えは次のページ

当たりくじの本数
（すべての本数）
で求められるね。

答え

A 期待値とは、当選金額の平均を表したもの。

平均を考えるんだ?

宝くじを買うときに損するか、得するかを理論的に予想することができるんだよ!

教科書を見てみよう！

『期待値』

おもに中学２年数学（コラムページ）を参考に作成

1000円や500円など、商品券の当たるくじ引きを考える。このとき、１回のくじを引いて、もらえると期待することができる金額「期待値」を、以下の式の和で求めることができる。

（期待値）＝（各等級の金額）×（その等級の商品券が当たる確率）

つまり、こういうこと

上記の考え方を、宝くじに応用してみましょう。簡単にするため、シンプルな金額で考えます。

ある宝くじの販売本数が、ぜんぶで10万本であると、あらかじめわかっているとします。

１等の当選金額100万円が、このうち１本、
２等の当選金額10万円が、このうち10本、
３等の当選金額１万円が、このうち100本、
４等の当選金額1000円が、このうち1000本
で、残りはすべて「はずれ」（もらえる額は０円）とします。

	１等	２等	３等	４等	はずれ	合計
当選金額	100万円	10万円	１万円	1000円	０円	
本数	１本	10本	100本	1000本	98889本	100000本

●このとき、この宝くじの当選金額の期待値を、以下のように計算することができます。

$$(\text{期待値}) = 100\text{万円} \times \frac{1}{100000} + 10\text{万円} \times \frac{10}{100000} + 1\text{万円} \times \frac{100}{100000} + 1000\text{円} \times \frac{1000}{100000}$$

さらに計算すると、$100\text{万円} \times \frac{1}{100000} + 10\text{万円} \times \frac{1}{10000} + 1\text{万円} \times \frac{1}{1000} + 1000\text{円} \times \frac{1}{100} = 10+10+10+10=40(\text{円})$

となり、この宝くじの期待値は40円です。

この宝くじで当たると期待できる金額が計算で求められました。

たった40円か〜！

ヒントQUIZの答え：$\frac{1}{50}$ $\left(\frac{2}{100}\right)$

※答えは次のページ

書いて身につく! おさらいワーク

1

１～６までの目が出るさいころを考えます。このさいころのそれぞれの目が出る確率が$\frac{1}{6}$であるとき、このさいころを１回振って出ると期待することができる値はいくつになるか、計算で求めてみましょう。

それぞれの目を、その目が出る確率でかけたものをたしていくんだよ！

2

次の表は、ある宝くじの当選金額とその本数をまとめたものです。この宝くじを１本買ったとき、当選金額はいくらになると期待できるでしょうか。表を埋めて、期待値を求めてみましょう。

	当選金額	当選本数	確率	(当選金額)×(確率)
１等	１億円	１本		
２等	１千万円	15本		
３等	100万円	250本		
４等	10万円	4000本		
５等	１万円	5000本		
６等	1000円	50000本		
はずれ	０円	9940734本		０
合計			１	

※それぞれの確率を約分する必要はありません。

左のページでやったのと同じことをするんだね。

おさらいワークの解答・解説

1 $\frac{7}{2}$ (3.5)

2 以下の表のようになります。期待値は、100円です。

	当選金額	当選本数	確率	(当選金額)×(確率)
1等	1億円	1本	$\frac{1}{10000000}$	10
2等	1千万円	15本	$\frac{15}{10000000}$	15
3等	100万円	250本	$\frac{250}{10000000}$	25
4等	10万円	4000本	$\frac{4000}{10000000}$	40
5等	1万円	5000本	$\frac{5000}{10000000}$	5
6等	1000円	50000本	$\frac{50000}{10000000}$	5
はずれ	0円	9940734本	$\frac{9940734}{10000000}$	0
合計		1千万本	1	100

解説

1 1から6それぞれの目に対して、確率が $\frac{1}{6}$ だから、

$$\left(1\times\frac{1}{6}\right)+\left(2\times\frac{1}{6}\right)+\left(3\times\frac{1}{6}\right)+\left(4\times\frac{1}{6}\right)+\left(5\times\frac{1}{6}\right)+\left(6\times\frac{1}{6}\right)$$
$$=\frac{1}{6}+\frac{2}{6}+\frac{3}{6}+\frac{4}{6}+\frac{5}{6}+1=\frac{21}{6}=\frac{7}{2}$$

2 それぞれの(当選金額)×(確率)の合計が、期待値です。

メモ

〈宝くじの還元率〉

宝くじの当選本数は、その売上に応じて決まっています。くじの当選金額の総額を売上総額でわった値のことを、還元率といいます。法律によって、宝くじの還元率が50%を超えてはならないと定められています(繰り越し分を含むキャリーオーバー宝くじは除きます)。

確率の分母と当選金額のかけ算だから、1億× $\frac{1}{1千万}$ =10のように桁数に注意して計算していこう!

Q 宝くじでいくら当たるかが計算できる!? 期待値っていったい何?

A 期待値とは、1回の試行で得られると期待できる、当選金額の平均を表したもの。

宝くじを買う人の常套句は「夢を買っている」ですね。でも、少しは期待値のことも頭に入れておかないと、夢も希望もない結果になるかも知れません。

大人のための数学教養講座

Q　1次方程式、連立方程式、2次方程式……。方程式の「方程」って何？

た……たしかに、
言われてみるとわからないかも……。

ページをめくる前に考えよう

ヒントQUIZ

xについての1次方程式$2x=6$を解くとき、どうする？

A　左辺と右辺をそれぞれ2でわる。

B　左辺だけ6でわる。

※答えは次のページ

A「方」は「左右」、「程」は「大小の比較」。

左右って何のこと？

「=」の右側（右辺）と左側（左辺）のことだよ。てんびんに乗った左右のお皿を思い浮かべてみよう！

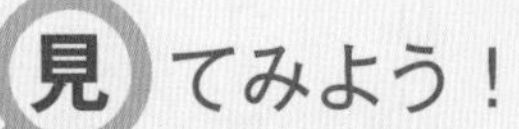

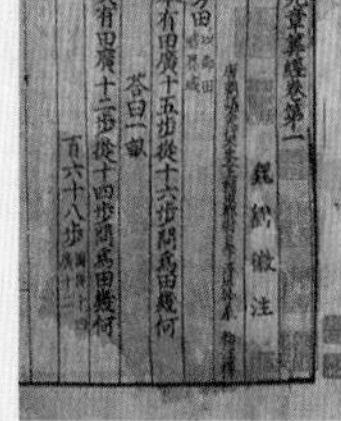

『方程式』

おもに中学１年数学（コラムページ）を参考に作成

〈方程式の由来〉

「方程」ということばは、中国で１世紀初頭にまとめられた「九章算術」という数学書の第八巻の表題に記載がある。

「方程」の語源には、色々な説があるが、１つの説によると、方は「左右」、程は「大小の比較」を表している。つまり、方程は、「左右を比べまとめる」という意味である。

『九章算術』より

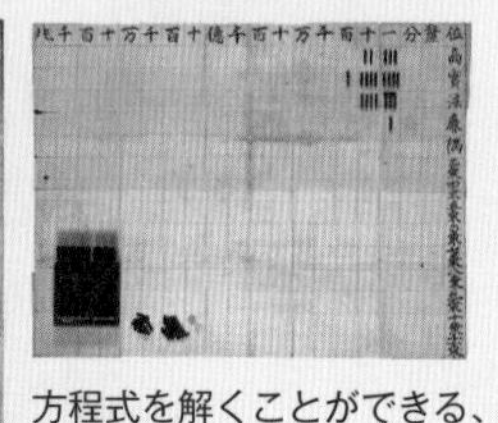

方程式を解くことができる、算木と算盤

（一関市博物館所蔵）

つまり、こういうこと

● 「左右を比べまとめる」とは？

x についての方程式 $4x-7=9x+8$ があります。

数字を右辺に集めるときに、両辺を同じ数だけたしたりひいたりしても、＝の関係は崩れません。

右の例だと、両辺に７をたしても、$9x$ をひいても（$-9x$ をたしても）、＝の関係は保たれています。

数や文字の項が、符号を変えながら＝の左右に移動していると考えることができるので、**「移項する」**といいます。

「方程式を解く」とは、「$x=\sim$」の式をつくることと同じ意味です。左辺と右辺に同じ数をかけたりわったりしても、＝の関係は崩れません。右の例では、両辺を−５でわることで、左辺と右辺のバランスを＝で保ったまま、「$x=\sim$」の式をつくることができました。

$4x-7=9x+8$

$4x-7+7=9x+8+7$ ←両辺に７をたす。

和が０　　右辺に移項

$4x-9x=9x-9x+15$ ←両辺から $9x$ をひく。

左辺に移項　差が０

$-5x=15$

↑左辺は文字だけの項、右辺は数だけの項になる。

$-5x=15$

$x=-3$ 　両辺を−５でわる。

方程式では、「＝」の左右の項を移項したり、同じ数でかけたりわったりできるんだね！

※答えは次のページ

書いて身につく! おさらいワーク

1

次の方程式は、いずれも x や y についての方程式です。何という名前の方程式かを答えましょう。

① $2x+3=0$

② $x^2+3x+2=0$

③ $x+4=3x-4$

④ $x^3-10x+2=0$

⑤ $\begin{cases} 2x+5y=0 \\ 3x-4y=5 \end{cases}$

2

次の①~③は、x についての1次方程式を、両辺を移項したり左辺と右辺を同じ数字でかけたりわったりして解いたようすです。□にあてはまる数や文字式を書きましょう。

① $3x-5=2x+1$

$3x-$ ❶□ $x=1+$ ❷□ ←左辺を文字だけの項に、右辺を数だけの項にする。

$x=$ ❸□ ←「$x=\sim$」の形にする。

② $x-10=2-3x$

$x+$ ❶□ $x=2+$ ❷□ ←左辺を文字だけの項に、右辺を数だけの項にする。

❸□ $x=$ ❹□

$x=$ ❺□ ←両辺を同じ数でわって、「$x=\sim$」の形にする。

③ $0.2x+1.5=-2.5-0.3x$

❶□ $x+$ ❷□ $=-25-$ ❸□ x ←両辺を10倍する。

❶□ $x+$ ❸□ $x=-25-$ ❷□ ←左辺を文字だけの項に、右辺を数だけの項にする。

❹□ $x=$ ❺□

$x=$ ❻□ ←両辺を同じ数でわって、「$x=\sim$」の形にする。

おさらいワークの解答・解説

1 ①１次方程式　②２次方程式　③１次方程式
④３次方程式　⑤連立（１次）方程式

2 ①❶2　❷5　❸6
②❶3　❷10　❸4　❹12　❺3
③❶2　❷15　❸3　❹5　❺−40　❻−8

解説

1 xやyについての方程式なので、ふくまれる項の中で、最も次数の大きなものを考えます。例えば、xの次数は１、$x^2(x \times x)$の次数は２です。
①と③は、xの項があるので、xについての１次方程式です。②は、x^2の項がふくまれているので２次方程式、④は、x^3の項がふくまれているので３次方程式です。⑤は、xとyの文字がふくまれているので、連立（１次）方程式です。

2 ③は、項の係数に小数がふくまれているので、両辺に10をかけることで、係数を整数にしてから方程式を解きます。

メモ

〈＝（等号）が初めて使われたのは？〉
＝を初めて使ったのは、16世紀のイギリス・ウェールズの数学者ロバート・レコードです。著書「知恵の砥石」の中で、１次方程式「$14x+15=71$」を表すために、＝の元になる記号を使いました。

ロバート・レコード

方程式を解くことは数学の勉強の肝だよ！

Q　１次方程式、連立方程式、２次方程式……。方程式の「方程」って何？

A「方」は「左右」、「程」は「大小の比較」。左右のバランスをとりながら解く式が、方程式。

仕事、勉強、育児、家事……。何事も「バランス」が大事な昨今。方程式を学び直すことで、適切な「バランス」を論理的に考える力がつくでしょう！

大人のための数学教養講座

Q 数学の「点P」は、どうして図形を動き回るの？

点P。アイツだけは許さない……。
どうしていつも、ちょこちょこと動くんだ……？

ページをめくる前に考えよう

ヒントQUIZ

$0 \leqq x \leqq 4$ のように、文字のとりうる値の範囲を意味することばは、次のうちどれ？

※答えは次のページ

A 変域

B 値域

「x は0から4までの値だけを考える」のように、とりうる値を制限するときに使うよ。

A 点Pをじっとさせることを考えたいから。

動いているのにじっとさせるなんて、できっこないよ！

文字を使って場合分けすれば、じっとさせられるんだよ！

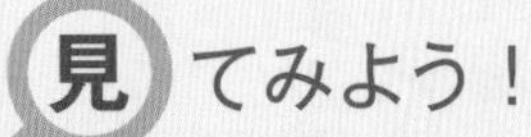

『関数』

おもに中学１年数学を参考に作成

いろいろな値をとる文字のことを変数といい、変数のとる値の範囲を変域という。関数の変域を式に表すとき、変数 x の値の範囲に制限がある場合には、

$y=130x\ (0 \leqq x \leqq 90)$

のように、変域を付け加えることがある。

つまり、こういうこと

●動点Ｐは、「(１次) 関数と変域」の単元の、図形問題で登場します。この点は図形の上を動き回ります。イメージがつかみにくくて、苦手意識を持ってしまう人が多い問題です。

●数量の変化をより連続的に把握するために、文字を使ってそれぞれの場合について式を立てます。**動く点Ｐの位置関係に応じて場合分けを行い、文字のとることのできる値（変域）を設定します。**

具体例を見ていきましょう。右の図のように、縦4cm、横6cmの長方形があります。点Ｐが長方形の頂点Ａを出発し、長方形の辺上を１秒間に1cmの速さで、頂点Ｂ→頂点Ｃ→頂点Ｄと動きます。このとき、点Ａ、Ｐ、Ｄがつくる三角形APDの面積を考えます。三角形APDは、点Ｐの位置によって、次の㋐、㋑、㋒の場合に分けることができます。

A, D, 6cm, $y$cm², 4cm, P, B, C

㋐点Ｐが辺AB上にあるとき

㋑点Ｐが辺BC上にあるとき

㋒点Ｐが辺CD上にあるとき

A, D, 6cm, $y$cm², 4cm, P, B, C

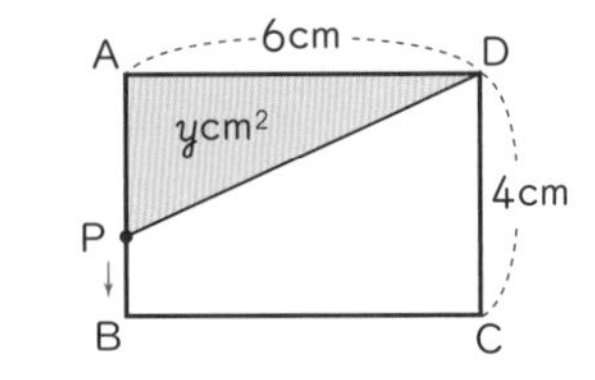

出発してから x 秒後の面積を $y$cm² とします。y を x で表すとき、㋐～㋒のそれぞれの場合について、変域付きで表すことができます。

※答えは次のページ

書いて身につく! おさらいワーク

1

左ページの長方形と、その辺上を動く点Pについてさらに考えます。㋐、㋑、㋒の3つの場合分けをもとに、x の変域を求めます。以下の□にあてはまる数を書きましょう。

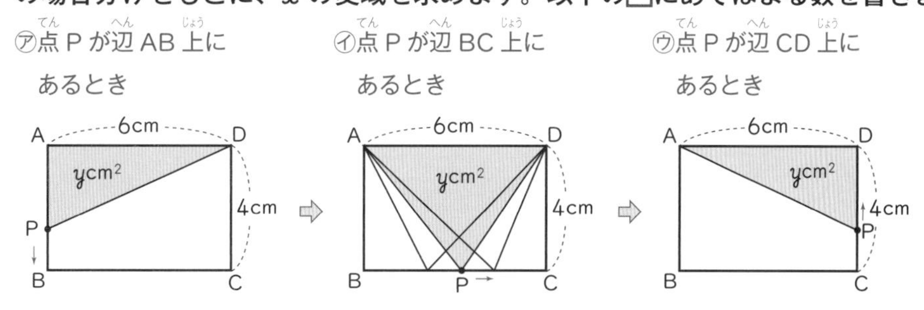

(1) 点Aを出発してから4秒後に、動点Pは点Bに到達します。このことから、㋐のとき、x の変域は、❶□ ≦ x ≦ ❷□ です。

(2) 点Aを出発してから4＋6＝10（秒後）に、動点Pは点Cに到達します。このことから、㋑のとき、x の変域は、❸□ ≦ x ≦ ❹□ です。

(3) 点Aを出発してから4＋6＋4＝14（秒後）に、動点Pは点Dに到達します。このことから、㋒のとき、x の変域は、❺□ ≦ x ≦ ❻□ です。

2

1で設定した x のそれぞれの変域に対して、y を x の式で表します。以下の□にあてはまる数を求めましょう。

(1) ㋐のとき、三角形APDは、底辺がAD、高さがAPの直角三角形と考えることができます。このとき、y＝AD×AP÷2＝6×x÷2＝❶□ x です。

(2) ㋑のとき、三角形APDは、底辺がAD、高さがCDと見ることができるので、y＝AD×CD÷2＝6×4÷2＝❷□ です。

(3) ㋒のとき、底辺がAD、高さがDPの直角三角形と考えることができます。AB＋BC＋CP＝x（cm）であることと、AB＋BC＋CD＝4＋6＋4＝14（cm）であることから、DPを（❸□ − x）cmと表すことができるので、y＝AD×DP÷2＝6×（❸□ − x）÷2＝❹□ − ❺□ x です。

おさらいワークの解答・解説

1 ❶0 ❷4 ❸4 ❹10 ❺10 ❻14

2 ❶3 ❷12 ❸14 ❹42 ❺3

解説

2 ㋐ $(0 \leqq x \leqq 4)$ のとき、$y=3x$ の関係になることから、y が x に比例していることがわかります。

㋑ $(4 \leqq x \leqq 10)$ のとき、$y=12$ となり、y は x の値によらず、常に同じ値をとることがわかります。

㋒ $(10 \leqq x \leqq 14)$ のとき、DP の長さは、以下のように考えて $(14-x)$ cm と表すことができます。

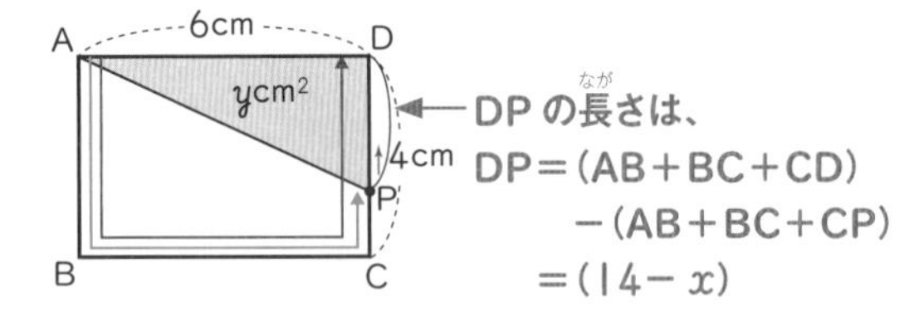

メモ 

今回の例の㋐～㋒をグラフに表すと、以下のようになります。

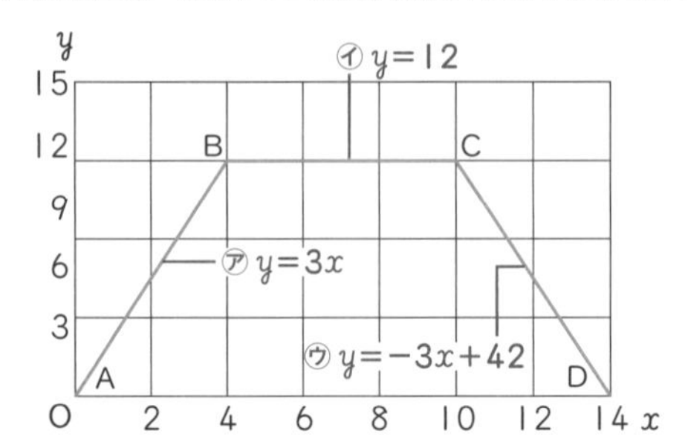

㋐は $0 \leqq x \leqq 4$ まで、㋑は $4 \leqq x \leqq 10$ まで、㋒は $10 \leqq x \leqq 14$ までの範囲のグラフです。

㋒のとき、$y=3(14-x)=42-3x$ $(=-3x+42)$ となります。

㋐、㋑、㋒の 3 つをまとめると、以下のようになります。

$$\begin{cases} y=3x & (0 \leqq x \leqq 4) \\ y=12 & (4 \leqq x \leqq 10) \\ y=-3x+42 & (10 \leqq x \leqq 14) \end{cases}$$

Q 数学の「点 P」は、どうして図形を動き回るの？

A 文字を使って場合分けすることで、点 P をじっとさせることを考える問題だから。

SNS で何かとネタにされる「動点 P」。もちろん動かないほうが楽ですが、現実はいつだって複雑です。現実に対応するための重要なツールとして、嫌わずに、学び直してみましょう！

大人のための数学教養講座

Q 円周率って、どうやって計算するの?

円周率みたいな、「わり切れない人生」を送ってまいりました……。

ページをめくる前に考えよう

ヒントQUIZ

そもそも円周率って何?

A 円の面積を円の直径でわった値

B 円の周りの長さを円の直径でわった値

※答えは次のページ

A 円周率は、「はさんで」求める。

「はさむ」って何？
サンドイッチ？

不等号を使って、円周率の値を、
「はさむ」んだ！

教科書を見てみよう！

『円周率πの話』

おもに中学1年数学（コラムページ）を参考に作成

現在の円周率に近い値を求めたのは、紀元前３世紀、古代ギリシャのアルキメデスである。アルキメデスは、円周の長さが円の内側に接する正多角形の周りの長さより大きく、円の外側に接する正多角形の周りの長さより小さいことを利用して、円周率を求めた。

つまり、こういうこと

●円周率（円周の長さ÷円の直径の値のこと）を不等式「<」で「はさむ」ことにより、だいたいの数値を求めることができます。簡単な図形で考えましょう。

右の図のように、正六角形を円の内側に、正方形（正四角形）を円の外側にぴったりと接するようにかくことで、**円周率が３と４の間にある**ことを示すことができます。

外側の正方形の周りの長さは、円周の長さよりも大きく、内側の正六角形の周りの長さは、円周の長さよりも小さいので、

（正六角形の周りの長さ）<（円周の長さ）<（正方形の周りの長さ）

と、円周の長さを「<」ではさむことができます。

円の半径を１cmとします。直径は２cmとなるので、円周の長さは、（２×円周率）cmとなります。正六角形の周りの長さは、この円の半径６つ分であるから、６cmです。正方形の周りの長さは、この円の半径の２×４＝８（つ分）なので、８cmです。

６<（２×円周率）<８

となるので、全体を２でわると、

$\frac{6}{2} < (\frac{2}{2} \times \text{円周率}) < \frac{8}{2}$ ⇨ ３<円周率<４　となります。

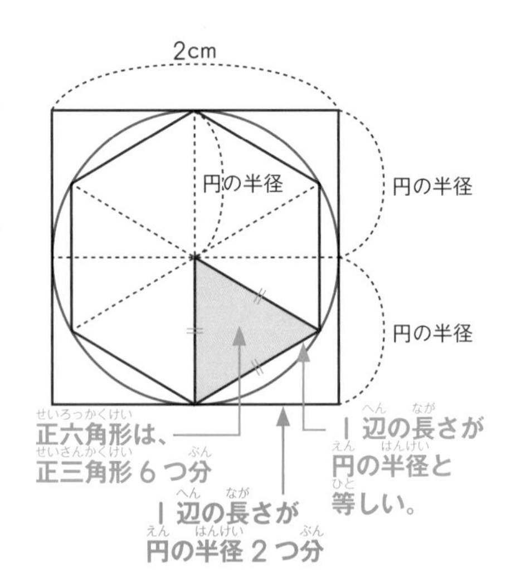

※答えは次のページ

書いて身につく！ おさらいワーク

1

左ページで使った図を使い、円周率を「はさむ」ことで求めます。

押江さんは、「円の外側にある図形が正方形ではなく正六角形ならば、円周率の精度がさらに上がる」と教えてくれました。

円の内側に接している正六角形が正確に作図できているとして、それをもとに円の外側に接する正六角形をつくりました。

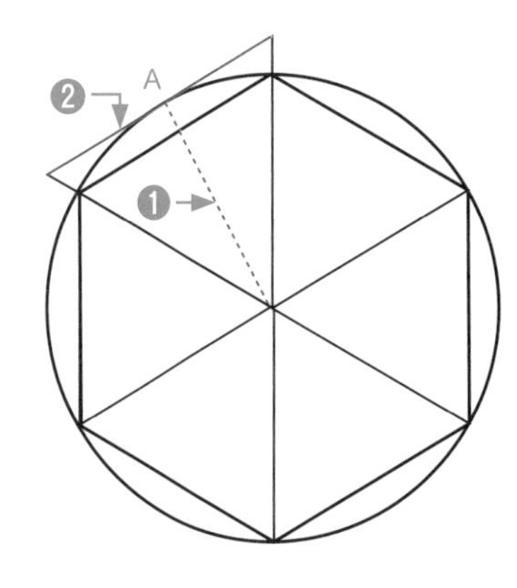

> ❶ 円の内側に作図した正六角形の１つの辺の真ん中をとり、その点と円の中心とを結び直線をひく。円と交わるところの点を点Ａとする。
> ❷ 点Ａを接点として、円に接するように線を引く。
> ❸ ❶と❷を６回繰り返して、円の外側に接する六角形を作図する。

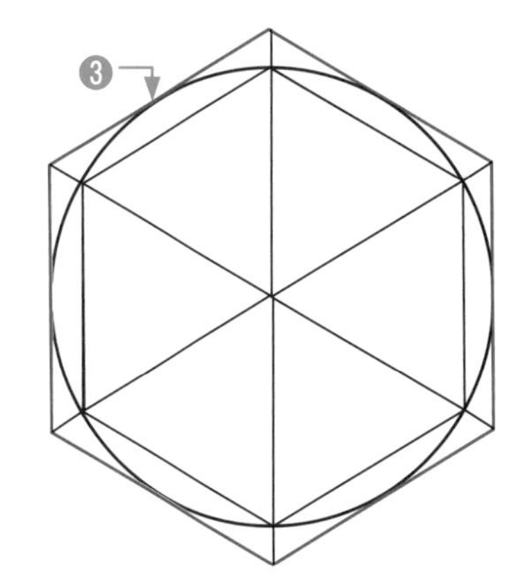

この六角形は、円の内側に接している正六角形を拡大した図形なので、ほぼ正確な正六角形になっているといえます。

半径５cm（直径10cm）の円の外側に接する正六角形を考えます。作図した六角形の各辺の長さをはかると、右のようになりました。この六角形の周りの長さを求めましょう。

また、以下の□にあてはまる数を答えましょう。

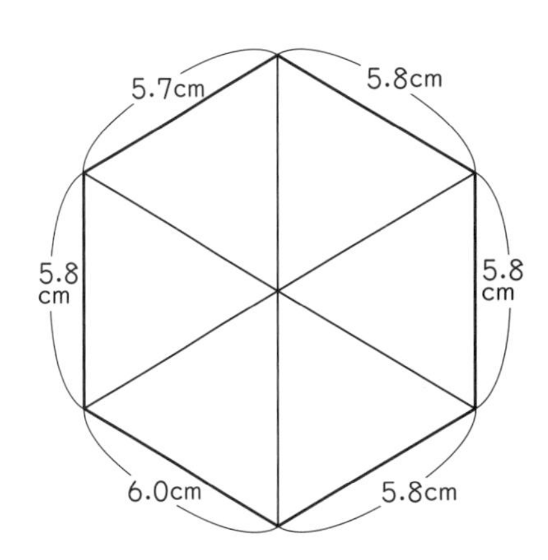

> 円周率は、３＜円周率＜□の範囲にあると考えられる。

おさらいワークの解答・解説

1 正六角形の周りの長さ：34.9cm

あてはまる数：3.49

解説

1 円の外側にかいた六角形の辺の長さの和は、
5.7＋5.8＋6＋5.8＋5.8＋5.8＝34.9（cm）
です。また、直径が10cm の円の周りの長さは、
（10×円周率）cm です。
この長さは上記の正六角形の周りの長さ34.9cm より小さくなることがいえるので、
10×（円周率）＜34.9 が成り立ちます。両辺を10でわって、「円周率＜3.49」と求めることができます。つまり、3＜円周率＜3.49 です。
円の外側に接する正多角形を正方形から正六角形に変えると、より正確な値を求めることができます。
円周率の実際の値は、3.1415926535…です。
アルキメデスは、このような正多角形の議論を正九十六角形まで考えて、非常に正確な値を求めたと言われています。

メモ

円周率は2024年現在、コンピュータを使って100兆ケタ以上計算することができています。しかし、円周率をすべて求めることはできません。円周率は、どこまで行っても終わりがなく、無限に続く数だからです。このような数を、「無理数」といいます。

メモ

数学では、円周率は小数によって表さず、「π」（パイ）を使うことが一般的です。古代ギリシャ語「περιμετροσ」（ペリメトロス。「円周」の意味）の頭文字です。

正九十六角形なんて、気が遠くなりそう……。

Q 円周率って、どうやって計算するの？

A 円周率は、正多角形を円の内側と外側にかいて、不等号ではさんで求める。

円周率を3.14で表すことが多いから、3月14日は「円周率の日」です。円周率は永遠に続くことから、この日は「永遠の愛を誓う日」とされています。ロマンチックですね！

大人のための数学教養講座

Q どこまでも９が続く「0.999…」は、１と等しい。なんで？

0.999…の「９」がどこまで続くとしても、所詮は１のまがい物じゃないの？

ページをめくる前に考えよう

ヒントQUIZ

0.999…を10倍するとどうなる？

※答えは次のページ

数字が１つずつ繰り上がるけど、「９」がどこまでも続くのは変わらないよ！

答え

A 「ケタずらし」で、「0.999…＝1」が確かめられる。

ケタずらし！
何かかっこいい！

等式の性質を使って、
1ケタずらすんだよ！

教科書を見てみよう！

数学

『方程式』

おもに中学1年数学を参考に作成

性質①～④が成り立つから、いろいろな方程式を解くことができるんだ。

等式の4つの性質

性質①：等式の両辺に同じ数や式をたしても等式は成立する。 A＝B　ならば　A＋C＝B＋C	性質②：等式の両辺から同じ数や式をひいても等式は成立する。 A＝B　ならば　A－C＝B－C
性質③：等式の両辺に同じ数をかけても等式は成立する。 A＝B　ならば　A×C＝B×C	性質④：等式の両辺を0でない同じ数でわっても等式は成立する。 A＝B　ならば　$\frac{A}{C}=\frac{B}{C}$(C≠0)

つまり、こういうこと

0.999…＝1を示すために、x＝0.999…（式A）とします。

上の等式の性質③を使い、この＝の右側（右辺）と左側（左辺）をそれぞれ10倍します。すると、$10x$＝9.999…（式B）のようになり、右辺は、小数第1位の「9」が、1の位にずれます。

ここで、小数第1位以降の「999…」が、10倍する前と同じ形をしていることに注目しましょう。

右のように式Bから式Aをひき算します。

すると、小数第1位より後ろの「9」がすべて消えて、$9x=9$という簡単な式にすることができました。

これをxについての方程式と見て、等式の性質④を使って、両辺を9でわると、$x=1$となります。x＝0.999…だったので、0.999…＝x＝1となり、示すことができました。

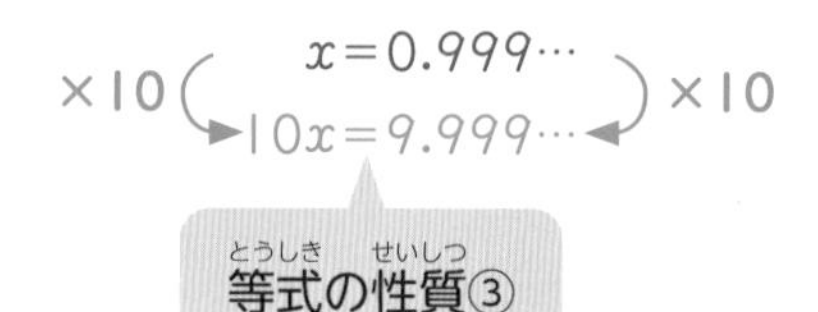

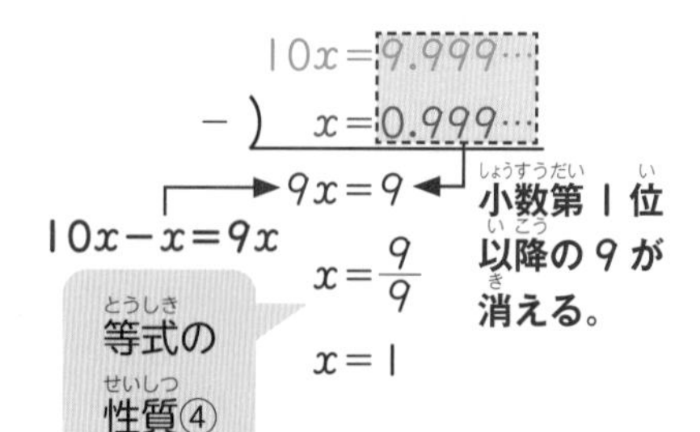

ヒントQUIZの答え：9.999…になる。

※答え は次のページ

書いて身につく! おさらいワーク

1

0.126126126…のように、同じ数字が繰り返し並んでいる小数のことを、「循環小数」といいます。このような数字が循環している小数は、以下のように整数を分母と分子に持つ分数で表せることが知られています。

$$0.126126126\cdots=\frac{14}{111}$$

どうしてこのような式で表されるのでしょうか？

左のページで扱った「ケタずらし」と、等式の性質を使って説明することができます。

$x=0.126126126\cdots$と文字でおき、$x=\frac{14}{111}$を説明していきます。以下の□にあてはまる数を求めましょう。

0.126126126…を「ケタずらし」によって126.126126…にすることを考えます。
小数点のケタが右に３つずれていると考えることができるので、
等式の性質③を使ってxを［❶　　］倍すれば、
［❶　　］$x=126.126126\cdots$のように表すことができます。
［❶　　］$x=126.126126\cdots$から、$x=0.126126126\cdots$をひき算します。
小数部分の「126126…」が共通であるため、右辺はきれいな整数になります。

$$
\begin{array}{rrl}
 & [❶\quad]\,x= & 126.126126126\cdots \\
-) & x= & 0.126126126\cdots \\
\hline
 & [❷\quad]\,x= & 126
\end{array}
$$

［❷　　］$x=126$を、xについての方程式と考えます。
等式の性質④から、両辺を［❷　　］でわって約分して方程式を解くと、
$x=\frac{14}{111}$を得ることができるので、$0.126126126\cdots=\frac{14}{111}$です。

2

次の循環小数を、整数を分母と分子に持つ分数に直しましょう。

0.1818…（18が繰り返し並んでいる）

おさらいワークの解答・解説

1 ❶1000 ❷999　**2** $\frac{2}{11}$ $\left(\frac{18}{99}\right)$

解説

1 ひき算の式は以下のようになります。

$$\begin{array}{rl} 1000x = & 126.126126\cdots \\ -)\quad x = & 0.126126126\cdots \\ \hline 999x = & 126 \end{array}$$

$x=\frac{126}{999}$ から、分母と分子を9で約分して、

$x=\frac{14}{111}$ です。

2 **1**と同じ手順で求めます。$x=0.1818\cdots$（式A）とおいて、両辺を100倍すると、

$100x=18.1818\cdots$（式B）です。

式Bから式Aをひくと、

$$\begin{array}{rl} 100x = & 18.1818\cdots \\ -)\quad x = & 0.1818\cdots \\ \hline 99x = & 18 \end{array}$$

$x=\frac{18}{99}$ となります。分母と分子を9で約分すると、

$x=\frac{2}{11}$ です。

注意⚠

本書の「1＝0.999…」の説明は、0.999…を10倍しても同じように小数点以下の9がどこまでも続くことを前提としています。やや発展的な内容です。

メモ

0.999…も、9が繰り返しならんでいるので、循環小数です。循環小数は、以下のような記号を使って書き表すことができます。

$0.999\cdots=0.\dot{9}$

$0.126126\cdots=0.\dot{1}2\dot{6}$

$0.1818\cdots=0.\dot{1}\dot{8}$

Q どこまでも9が続く「0.999…」は、1と等しい。なんで？

A 「ケタずらし」を利用することで、等式の性質により「0.999…＝1」が確かめられる。

「大人の教科書ワーク数学」はこれでおしまいです。でも、どこまでも続く0.999…と同じように、数学の旅に終わりはありません。

索引・数学用語集

◇中学数学を学び直すうえで、おさえておくべき用語や定理をまとめています。おもな本書の掲載ページを併記しています。数学の学び直しに役立ててください。

ア行

移項（いこう）……111、118ページ
等式の項を、その符号（＋と－）を変えて、左辺から右辺に、または右辺から左辺に移すこと

１次関数（いちじかんすう）……38ページ
xとyが「$y=ax+b$」の式で表されるとき、「yはxの１次関数である」という。aのことを「傾き」、bのことを「切片」という

因数分解（いんすうぶんかい）
多項式をいくつかの因数（かけ算で表される数や式）の積の形に表すこと

右辺（うへん）……98ページ、117～119ページ、130～131ページ
等式で、等号＝の右側の式

円周角の定理（えんしゅうかくのていり）
① １つの弧に対する円周角の大きさは一定（同じ）である
② １つの弧に対する円周角の大きさは、その弧に対する中心角の半分である

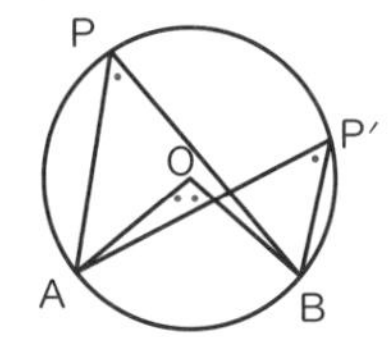

$\angle APB = \angle AP'B = \dfrac{1}{2}\angle AOB$

円周率（えんしゅうりつ）……125～128ページ
$\dfrac{円周}{直径}$の値のことで、小数で表すと3.1415926535…となり、限りなく続く数（無理数）である

カ行

解（かい）……10、106ページ
方程式を成り立たせる値のこと

外角（がいかく）
多角形の１つの辺と、となりの辺の延長とがつくる角

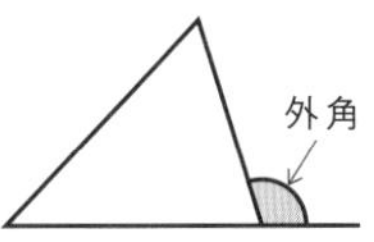

確率（かくりつ）……41～44ページ、113～116ページ
あることがらが起こる可能性を数値で表したもの。次の式で表される

$$確率 = \frac{あることがらが起こる場合の数}{起こりうるすべての場合の数}$$

仮定（かてい）
「○○○ならば□□□」という命題で、○○○の部分

関数（かんすう）……38、122ページ
２つの変数x、yがあり、変数xの値を決めるとそれに伴って変数yの値も１つに決まるとき、「yはxの関数である」という

逆数（ぎゃくすう）
２つの数の積が１になるとき、一方の数をもう一方の数の逆数という

係数（けいすう）……120ページ
$3a$の「3」や、$-5x$の「-5」のように、文字をふくむ単項式の数の部分

結論（けつろん）
「○○○ならば□□□」という命題で、□□□の部分

項（こう）……118～120ページ
多項式で、＋で結ばれた１つひとつの単項式の部分のこと

合同（ごうどう）……13ページ
２つの図形を、回転させたり移動させたりして重ね合わせることができるとき、それらの図形は合同であるという

根号（こんごう）
$\sqrt{\ }$（ルート）のこと

サ行

差（さ）……52、118ページ
ひき算の答えのこと

最頻値（さいひんち）……68ページ
すべてのデータの中で出てくる回数が最も多い値のこと

錯角（さっかく）……16ページ
２直線に１つの直線が交わってできる角のうち、１直線の反対側にある２直線の内側の角

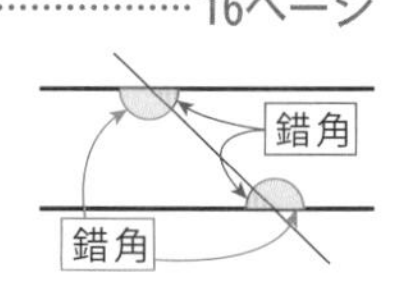

座標（ざひょう）
座標平面上で、(a, b) などと表されるもの。aはx座標、bはy座標である

左辺（さへん）……98ページ、117～119ページ、130ページ
等式で、等号＝の左側の式

三角形の合同条件（さんかくけいのごうどうじょうけん）
２つの三角形は、次のいずれかが成り立つと合同である
① ３組の辺がそれぞれ等しい
② ２組の辺とその間の角がそれぞれ等しい
③ １組の辺とその両端の角がそれぞれ等しい

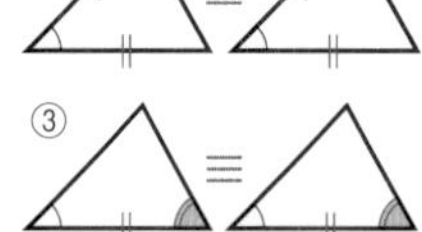

三角形の相似条件（さんかくけいのそうじじょうけん）
２つの三角形は、次のいずれかが成り立つと相似である
① ３組の辺の比がすべて等しい
② ２組の辺の比とその間の角がそれぞれ等しい
③ ２組の角がそれぞれ等しい

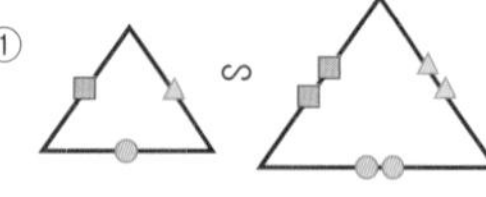

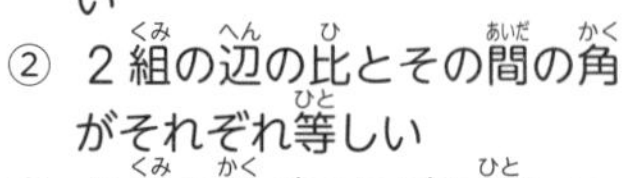

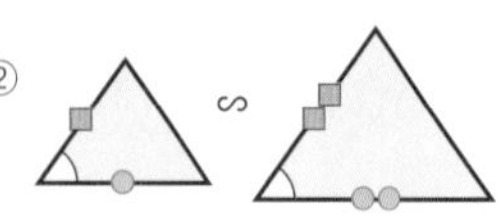

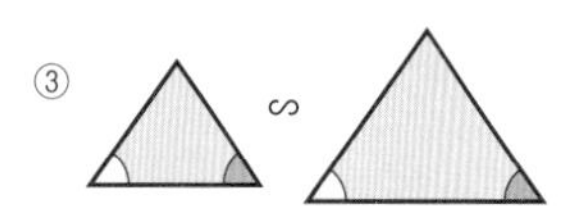

三平方の定理（さんへいほうのていり）……109～112ページ
直角三角形についての定理。直角をはさむ２つの辺の長さを a、b とし、斜辺（直角に向かい合う辺）の長さを c とする。このとき、「$a^2+b^2=c^2$」という関係が成り立つ

式の値（しきのあたい）
代入して計算した結果

指数（しすう）……18ページ
例えば、2^4なら、２の右上に小さく書いた数の４のことで、かけた数の個数を表す

次数（じすう）
単項式では、かけ合わされている文字の総数。例えば、単項式 $2x^3$ の次数は３で、単項式 $3ab$ の次数は２
多項式では、各項の次数のうち最も大きいものがその多項式の次数となる。例えば、多項式 $x^3+2x+xy+1$ の次数は３

自然数（しぜんすう）……60、102ページ
正の整数のこと

四則（しそく）
たし算、ひき算、かけ算、わり算をまとめた呼び方

四分位数（しぶんいすう）……94～96ページ
データを値の小さい順に並べたとき、４等分する位置の値。小さい順に、第１四分位数、第２四分位数、第３四分位数という

四分位範囲（しぶんいはんい）
第３四分位数から第１四分位数をひいた値

商（しょう）
わり算の答えのこと

乗法公式（じょうほうこうしき）……112ページ
式をかけ算するときの代表的な公式。以下の４つである
① $(x+a)(x+b)=x^2+(a+b)x+ab$
② $(x+a)^2=x^2+2ax+a^2$
③ $(x-a)^2=x^2-2ax+a^2$
④ $(x+a)(x-a)=x^2-a^2$

証明（しょうめい）……111～112ページ
仮定をもとに、すじ道をたてて結論を明らかにすること

数直線（すうちょくせん）
数を直線上の位置に対応させて表した直線

正多角形（せいたかくけい）……84、126、128ページ
正三角形や正六角形のように、辺の長さと内角の大きさがすべて等しい多角形のこと

正の数（せいのすう）……98ページ
０より大きい数

積（せき）……18、60、98ページ
かけ算の答えのこと

絶対値（ぜったいち）……80ページ
数直線上において、０からある数までの距離のこと。例えば、２と−２の絶対値はともに２である

素因数（そいんすう）
30＝2×3×5 のときの２、３、５のように、素数である因数を素因数という

素因数分解（そいんすうぶんかい）……59～62ページ
自然数を素因数の積で表すこと

双曲線（そうきょくせん）
なめらかな２つの対称な曲線のこと。反比例のグラフは双曲線になる

相似（そうじ）……13～16ページ
１つの図形を、単純に拡大、または縮小した図形のこと

素数（そすう）……59～62ページ、101～104ページ
２、３、５、７、11のように、１とその数自身でしかわり切れない自然数のこと。ただし、１は素数にふくまれない

タ行

対頂角（たいちょうかく）……16ページ
２つの直線が交わるときにできる向かい合った角

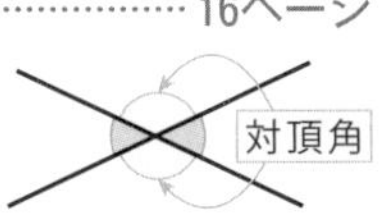

代入（だいにゅう）
式の中の文字の部分を数に置き換えて計算すること

代表値（だいひょうち）……68〜70ページ
データの特徴をつかむために用いる値の総称。平均値、中央値、最頻値など

多項式（たこうしき）
$3a+4b-8$ のように、単項式の和や差の形で表された式

単項式（たんこうしき）
$2x$ のように、数や文字のかけ算だけでできている式

中央値（ちゅうおうち）……68〜70ページ、94〜96ページ
データを小さい順に並べたとき、中央にくる値。メジアンともいう

直角三角形（ちょっかくさんかくけい）……109〜110ページ
１つの角が直角である三角形

定義（ていぎ）
用語や記号の意味をはっきりと規定したもの

定理（ていり）……110〜112ページ
すでに証明されたことがらのうち、よく使われる基本的なもの

データ（でーた）……67〜70ページ、93〜96ページ
調査や実験などによって得られた数や量の集まり

展開図（てんかいず）
立体の表面を切り開いて平面に広げた図

展開する（てんかいする）
単項式や多項式のかけ算の式を、かっこを外して単項式のたし算の形に表すこと

同位角（どういかく）……16ページ
２直線に１つの直線が交わってできる角のうち、２直線の同じ側にある角

等号（とうごう）
＝のこと。イコールともいう

等式（とうしき）……130〜132ページ
等号＝を使って、数や量の等しい関係を表した式

同類項（どうるいこう）
多項式で文字の部分が同じ項

度数（どすう）
それぞれの階級にふくまれるデータの個数

度数分布表（どすうぶんぷひょう）
データをいくつかの階級に区切って、それぞれの階級の度数を表した表

ナ行

内角（ないかく）……86、111ページ
多角形の内側の角

ハ行

倍数（ばいすう）……26〜28ページ、56、58、103ページ
ある数を整数倍したもの。例えば、４の倍数は４、８、12、…である

箱ひげ図（はこひげず）……94〜96ページ
データの最小値、第１四分位数、第２四分位数、第３四分位数、最大値を示した、分布の様子を見るための図

反比例（はんぴれい）……22〜24ページ、51〜54ページ
x と y が、「$y=\frac{a}{x}$（a は定数）」という式で表されるとき、「y は x に反比例する」という

ヒストグラム（ひすとぐらむ）……68〜69ページ
度数分布表に整理された資料を柱状にまとめたグラフで表したもの。柱状グラフともいう

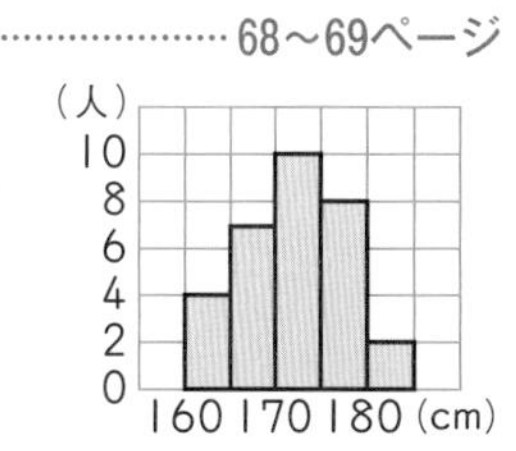

比例（ひれい）……38、40、82ページ
y が x の関数で、x と y の関係が「$y=ax$（a は定数）」と表されるとき、「y は x に比例する」という

不等号（ふとうごう）……126ページ
数量の大小関係を表す記号（>、<、≧、≦）
例：a が b 以上であることを「$a \geqq b$」と表す

負の数（ふのすう）……98ページ
０より小さい数

分配法則（ぶんぱいほうそく）……… 34～36ページ、98ページ
正の数、負の数で、次の計算法則が成り立つ
・$(a+b)\times c=ac+bc$
・$c(a+b)=ac+bc$

平均値（へいきんち）……… 67～70ページ
１つ１つのデータの値をすべてたして、その合計値をデータの個数でわった値

平方（へいほう）
２乗のこと

平方根（へいほうこん）……… 10～12ページ、76～77ページ
２乗すると a になる数を、a の平方根という。例えば、２の平方根は$\sqrt{\ }$（ルート）を使って、$\pm\sqrt{2}$ となる

変域（へんいき）……… 121～123ページ
変数のとる値の範囲。一般に、y が x の関数であるとき、x の変域が定義域と呼ばれ、y の変域が値域と呼ばれる

変化の割合（へんかのわりあい）……… 88、90ページ
x が増える量に対して y がどれだけ増えるかを示す割合。次の形で表す

$$\text{変化の割合}=\frac{y\text{の増加量}}{x\text{の増加量}}$$

変数（へんすう）……… 122ページ
いろいろな値をとる文字のこと

方程式（ほうていしき）……… 10ページ、117～120ページ、130～131ページ
まだわかっていない数を求めるための、文字をふくんだ式のこと

マ行

文字式（もじしき）……… 30ページ
x や y などの文字をふくんだ式

命題（めいだい）
数学的に正しいかどうかを判断できる文のこと

ヤ行

約数（やくすう）……… 102ページ
ある整数をわり切る整数のこと。例えば、６の約数は１、２、３、６である

ラ行

立方（りっぽう）
３乗のこと

両辺（りょうへん）…… 98、118～119ページ、130～131ページ
等式の左辺と右辺

累乗（るいじょう）……… 18ページ
同じ数をいくつかかけ合わせること。例えば、125は $125=5^3=5\times5\times5$ なので５の累乗であり、「５の３乗」と表す

連立方程式（れんりつほうていしき）……… 119～120ページ
２つ以上の方程式を組み合わせたもの

ワ行

和（わ）……… 26～28、42、114、118、128ページ
たし算の答えのこと

3 2 1 0 9 8 7 6 5 4
＊ ＊ D C B A